王定功　康高磊

著

审美生存论

EXISTENTIAL AESTHETICS

社会科学文献出版社
SOCIAL SCIENCES ACADEMIC PRESS (CHINA)

本书为国家社科基金教育学一般课题"基于个体生命特性的生命教育研究"（编号：BEA180109）阶段性成果之一。

序 建构中国特色的审美生存论

　　本书是国家社科基金教育学一般课题"基于个体生命特性的生命教育研究"（编号：BEA180109）阶段性成果之一，是在课题负责人刘济良教授指导下，以及课题组其他成员的配合下，由王定功和康高磊合作完成的。

　　审美生存不但是解决人类生存困境、消除人类生存异化的不可或缺的利器，也是提升人类生存境界、挖掘人类发展潜能的重要途径。审美生存理论及其实践研究是关系着未来人类生存质量与人类素质的重要问题，具有重要的理论意义和现实意义。

　　审美生存理论及其实践有其深厚的思想积淀，追溯审美生存思想的源流就成为审美生存理论及其实践研究的首要问题。任何文化都要立足于自身的民族文化，中华文化由儒、释、道三家汇流而成，中国传统的审美生存思想就是儒、释、道三家的审美生存思想。西方文化对现代社会发展的影响极为深远，为当下建构审美生存及理论研究不可忽视的文化资源：古希腊关怀自身的审美生存思想、中世纪重视灵魂拯救的审美生存思想、近现代启蒙主义的审美生存思想以及后现代注重此在与身体的审美生存思想，构成了西方文化审美思想的主体。马克思主义对现代社会文明建构影响深远，认真梳理马克思审美思想的发展脉络并认识马克思审美生存思想的中国化，是建构现代审美生存必须要做的准备工作。

　　解析审美生存的根本问题是认识到审美生存源流之后的关键性工作。借助于审美思想的源流解析审美生存的根本问题，可以为理解审美生存的遮蔽、澄明以及审美生存的重建与教化提供支撑。审美生存的根本要素即审美、生存、审美与生存的关系，以及审美生存的内在逻辑，故本书从生存是审美的前提、生存是审美的基础、生存是审美的归宿三个方面阐述了生存之于审美的关系；从审美是生存的目标、审美是生存的标准、审美是生存的意义三个方面阐述了审美之于生存的关系；在此基础上，又从生存是审美的根源、审美是生存的升华、个体是审美生存的载体三个方面阐述了审美生存的逻各斯。

探析审美生存遮蔽是促成人审美生存的基本条件。故本书从审美生存的本源异化、审美生存的现实困境、审美生存的教化缺失三个方面分析了审美生存遮蔽的原因。审美生存的本源异化由来已久，主要与理性情感的分离、精神危机的产生、虚无主义的形成密切相关。审美生存的现实困境可切身感触，主要包含时空性质的转变、大众传播的异化、审美文化的转型三个方面。审美生存的教化缺失对于建构审美生存意义重大，本书具体从功利化导致信仰维度的缺失、齐一性导致差异维度的缺失、规训化导致自由维度的缺失、碎片化导致整体维度的缺失四个层面展开论述。

审美生存的澄明是审美生存研究的目的，也是审美教化与实践的衡量尺度。审美生存的澄明应从三个方面入手。首先，审美生存的世界要得以奠基，包括自然环境的优化、文化环境的提升、审美生态的改变三个方面。其次，审美生存的主体要得以建构，包括对审美愉悦的重视、移情潜质的发挥、审美心胸的拓展、审美层次的提升四个方面。审美生存的技艺要得以锻炼，包括生存的艺术化、审美的实践化、超越的整体性、死亡的生成性四个方面。

审美生存的教化是践行审美生存的必然要求，也是达成理想生存状态的重要途径。首先，要对人类的审美生存文化进行重构，结合自身的传统与现实，应着重从三个方面入手，即重建崇高之美、接受悲剧之美、肯认有限之美。其次，应注重加强审美生存教育，从六个方面入手，即解放人的感性、重视审美直觉、培育审美心胸、培养审美能力、提升审美趣味、学会诗意栖居。再次，应重视提升审美生存的能力，从四个方面入手，即审美生存的语言能力、思考能力、节日效用、日常践行。最后，应重视身体审美的落实，从三个方面入手，即身体审美的存在维度、超越维度和实践通途。

王定功　康高磊

2020 年 1 月 20 日

目　录

第一章　中国传统文化中的审美生存思想

儒、释、道是中国传统文化的主流，也是建构中国人精神生活的主要资源。从儒家、道家以及佛家的审美生存思想三个方面梳理中国传统文化中的审美生存思想，并以此为当下中国人的审美生存建构提供思想资源。

一　中国儒家审美生存思想

第一，儒家强调审美生存就是保持万物的勃勃生机。儒家思想是中国传统思想文化的重要组成部分，包含着非常丰富的审美生存思想，主要体现在"生之谓仁"的命题上。

宋明理学明确地将"生"界定为"仁"的内涵。"北宋五子"之一的张载曾经说道："天地则何意于仁，鼓万物而已。"① 周敦颐也说："天以阳生万物，以阴成万物。生，仁也；成，义也。"② 程颐指出："生之性便是仁也。"③ 朱熹认为，"仁是地之生气"，"仁是个生底意思"，"生底意思是仁"，"只从生意上识仁"，仁是生的根本，万物之所以能够发荣滋长，就是因为万物有仁。朱熹还结合古代的五行模式把儒家仁义礼智四种德行与春夏秋冬四季相匹配，认为仁是春天，礼是夏天，义为秋天，

① 张载：《横渠易说》。
② 周敦颐：《通书·顺化》。
③ 参见《河南程氏遗书》卷十八。

智为冬天。其中春天主要表现为仁，因为春天天气暖和，万物都在萌生，所以春天是以生为主的，也是最重要的。他强调，必须使仁兼备义、礼、智三者，才能够对仁的含义有比较充分的理解。"仁者，仁之本体；礼者，仁之节文；义者，仁之断制；智者，仁之分别。犹春夏秋冬虽不同，而同出于春。春则生意之生也，夏则生意之长也，秋则生意之成也，冬则生意之藏也。"① 仁义礼智中最为根本的是仁，因此春夏秋冬是从春天开始的，成长、收获、集藏也是以萌生为基础的。自然世界的大道最终体现为萌生，道德世界的大道最终体现为仁爱。自然世界与道德世界的结合，就是萌生与仁爱精神的合而为一。宇宙的本体就是生、就是仁，是生与仁所代表的无限的、温和的创造精神。仁的精神灌注到儒家的审美生存思想之中，成为至关重要的部分。

第二，儒家建构了审美生存的整体系统论。儒家认为生命的过程实际上是一个有序的演化过程，春季萌生，夏季成长，秋天收获，冬天集藏，秩序井然。儒家所重视的伦理纲常，实际上是把这种条理化的生存思想作为范式，规范人间道德秩序。在《周易》中显露的天尊地卑观念，实际上是生命秩序思想的体现。后来戴震通过其儒学思想对之进行了进一步的阐述。他认为，一阴一阳就是对天地之间生生不息、大化流行的一种描述，是天地大道的根本体现；说明生成变化永不止息，秩序井然，从中可以看到天地之间的谐和关系。所以，生生不息、大化流行实际上就是仁的体现，并且生成变化之中皆存在秩序。生成变化的井然有序，可以看出礼之划分有序；生成变化的势之所至，可以看出义之正当必然。从中可以看到天地之间的大道，可以看到其对于审美生存思想的阐述。

第三，儒家肯定宇宙创生的伟大力量。《易经》虽然主张阴阳和谐，但是重视"阳"而限制"阴"，这是因为阳是宇宙万物创生的精神。《周易》认为，宇宙就是万物创生成长、大化流行、变化不息的空间。《乾·象传》中称："大哉乾元，万物资始，乃统天。云行雨施，品物流形。大

① 《朱子语类》。

明始终，六位时成，时乘六龙以御天。乾道变化，各正性命，保合大和，乃利贞。首出庶物，万国咸宁。"把乾的阳刚之力视为天地万物创生变化的根本力量。其中，"万物资始，乃统天"代表春天万物萌发；"云行雨施，品物流形"代表夏天万物滋长；"大明始终，六位时成"代表秋天万物收获；"时乘六龙以御天"代表冬天万物集藏。万物变化的开始就是乾元之力，它不但统领四时，而且涵盖宇宙，具有首创的功能。《乾·文言》说："元者，善之长也；亨者，嘉之会也；利者，义之和也；贞者，事之干也。君子体仁，足以长人；嘉会，足以合礼；利物，足以和义；贞固，足以干事。君子行此四德者，故曰：乾，元、亨、利、贞。"元为众善之首，程颢说："万物之生意最可观，此元者善之长也，斯所谓仁也。"① 所谓的善就是生生，生生就是仁，元位于四德之首，统领万物的生成，是万物生生不息的根源，因此《易传》将之称为天地之"大仁""至德""首善"，且此生生之理是由乾所发动的，所以能够当此大仁至德的只有乾。《易传》要求君子能够体仁，也就是体会乾元创生万物的功能，因为其只有蕴含万物生生之理，才能德配宇宙。

第四，儒家强调人应具备泛爱万物的感情。在儒家看来，生生就是仁爱，仁爱就是温和地爱人爱物。朱熹曾经说："要识仁之意思，是一个浑然温和之气，其气则天地阳春之气，其理则天地生物之心。今只就人身己上看有这意思是如何，才有这意思，便自恁地好，便不恁地干燥。"② 天地创生万物的初心如同阳春般温暖，如同《中庸》中所强调的"小德川流，大德敦化"，天地创生万物的过程，就像河流一样永不止息，在任何境域中都能够善利万物而不争，它的德行就像能够孕化万物的大德，宽阔无边，深厚博大，毫无偏私地在天地万物之中灌注生意，不会为任何东西所阻碍，也不会恃功自傲或者居功懈怠，只是把帮助万物创生作为自己的职责。

儒家的审美生存思想强调，人类社会道德规范的构建必须以天地创

---

① 《二程遗书·识仁篇》。
② 《朱子语类》卷六。

生万物的仁爱精神为根本标准。儒家强调仁爱是人之为人的根本准则，是人能够成为人的根本特征，并一再提醒只有遵循仁爱之道时，人才算是遵循了人道原则，人应该使自己的行为符合仁爱的要求。仁的精神，实际上是亲亲的精神。宇宙是创生万物的场域，人作为宇宙的一部分，同样也是宇宙创生的慈爱精神的产物。所以，人应该坚守仁爱之道、体恤之道，对万物怀有亲亲之心实际上是对宇宙创生大德的回馈。

民胞物与的审美生存精神成为宋明理学对原始儒家审美生存思想的重要发展。张载在《正蒙》中指出："乾称父，坤称母；予兹藐焉，乃混然中处。故天地之塞，吾其体；天地之帅，吾其性。民吾同胞，物吾与也。"人类是我的同类，而同类之间同声相应、同气相求，都在天地创生中存于世，因此应该把同类看作"同胞"，因为我们是同一个宇宙母亲所创造的，应该像对待兄弟一样对待同类。万物都是我的朋友，和人一样，它们都是天地创生的杰作，是天地大道的不同表现形式，虽然不是同类，但是同根；虽然不是同形，但是意近。正是在天地创生万物的过程中，人得以产生并自立于天地之间，万物得以萌生并发荣滋长。从这个意义上讲，人泛爱万物实际上是情所必然，理之当然。朱熹强调："骨肉之亲，本同一气，又非但若人之同类而已，故古人必由亲亲推之，然后及于仁民，又推其余，然后及于爱物，皆由近以及远，自易以及难。"① 泛爱万物的生生是人世间道德规范的重要组成部分。

自然世界既是人类建构道德规范、价值信念的典范，也是人类仁爱精神所应该触及的领域。泛爱生生的审美生存思想既是审美精神与道德精神的结合，也是实用主义与审美超越的结合，是节之有度、顺之以时与钟爱自然、呵护本然的结合。这种结合培养了中国人面对自然世界的审美思维，也深化了中国人对审美生存的理解。从万物化生到生生相关再到泛爱众生，这建构了儒家审美生存思想的主要框架。

第五，儒家认为审美生存思想只能从切身体验中获得。万物都蕴含着生生的精神，作为人必须用心体悟生生的精神，并只有通过仁爱之心、

---

① 参见《孟子集注》。

本真之心才能够做到贯通内外，与天地合一。因此，生、仁、心三者是三位一体的，万物之生成变化是仁爱精神的体现，如果能够通过心灵体悟到万物生生的精神，则此心肯定是仁爱之心。这也是儒家审美生存思想的重要组成部分。儒家一直强调，人作为天地的创造物，应充分体验天地创生万物、生生不息的精神，不仅要在日常生活中效仿天地创生万物的精神，还要通过心灵认真地体悟这种精神，从而消除后天对生命的遮蔽，重新回归人类真实的本性，达到提升性灵、和宇宙创生万物之生生大德相互参证、实现"上下与天地同流"的崇高境界。天地创造人类的生生精神，只有通过切身体悟才能够真正领会。生就是仁，仁就是人之为人的本性，也就是天地创生万物的精神，人要皈依仁的精神，实际上就是要契合天地创生万物的生意与仁爱，而天地创生万物的生意与仁爱是可以在自我的体悟中得到的，在仁心诚意中也可以达到"万物皆备于我"的审美生存境界。

儒家审美生存思想强调建构心灵本体是体证生生大德的要求。天和人的共同本性是"诚"，"诚者，天之道也；诚之者，人之道也"。① 天地创生万物时从不张扬，既不会居功自傲，也不会停滞不前。不过，人生活在世界之中，要受到诸多限制和约束，人的社会化进程中也常常出现要保障本真纯粹的生存状态的情况。人在体悟生命的过程中，要净化自己的心灵，使之返归"诚"的状态，以此实现与天地精神的契合。"唯天下至诚，为能尽其性；能尽其性，则能尽人之性；能尽人之性，则能尽物之性；能尽物之性，则可以赞天地之化育；可以赞天地之化育，则可以与天地参矣。"② 只有天下之至诚，才能体验到天地万物之性，才能尽人之性、尽物之性，方可参赞天地万物之化育过程。体悟天地化生精神的逻辑前提是，天人之本都是至诚，只有以诚正心的心理体认为前提，才能够达到天人合一的境界。至诚能够使天地万物回归本性，至诚之心灌注于对万物的体认过程中，能够产生泛爱万物生生的意识，从而与天

---

① 《孟子·离娄章句上》。
② 《孟子·离娄章句上》。

地万物的生命节奏同步，这就是所谓的尽物之性。

天人关系建构的核心是至诚，这是天地创生万物的根本精神，也是人能够参赞天地万物化育的基本条件，人心与天地万物同一节奏，在自然而然、优游运行中运风行雨、惠及万物、化生万物，人也就成为与天地并存的巨人。儒家把诚作为审美生存的基点，把体证生生精神作为审美生存的最高旨向，并刻画了体悟生生精神的轨迹。后世儒家继承并发展了这种审美精神，提出了"仁者，浑然与天地同""胸次悠然，直与天地万物上下同流"① 等生存境界，实际上与先儒的论述一脉相承。

儒家体悟生生精神的审美生存思想，不但重视在本真纯粹的生存境界中与天地精神相契合，还重视体会生动活泼的感性生命精神。儒家审美生存思想总是把现实的感性生态作为思考的重要组成部分，并将形而上学之深思拉回日常生活的之中，做到"致广大而尽精微，极高明而道中庸"②，强调充实宏大的生存理想要与穷尽精微的日常生活相结合，高深通达的生存智慧要与不偏不倚的现实选择相结合。因此，儒家把形而上之思与形而下之行紧密结合在一起，追求"上下与天地同流"的生存境界，如此既能够玄思渺渺天地之外的宇宙大道，又能够在万物杂然共处、缤纷共呈中坦然地生活。这二者的融合，既具有超越精神，又与感性、具体的生命精神相结合。万物都遵循其本性，都能够显现畅然自在、活泼生动的生存境界，在永无止息的生成变化中贯通内外、上下交流，在具体之学中通达于天地生生之道，将高明之理用于伦常之间，从而达成生动活泼、与天地万物同流的生存境界。

第六，儒家强调人应该在生存中体味并保有生意。宇宙天地之间的生生大德是仁爱具体而微的体现，是使人回归本真生存的根本精神，也是昭示人间根本道德规范的操作。因此，儒家审美生存思想认为，通过对天地之间那种活泼泼的生命精神的体味，人可以体验到天地大道、天地大德、天地大美，因为整个宇宙空间都充满了勃勃生机。儒家审美生

---

① 朱熹:《论语集注·先进第十一》。
② 《中庸》。

存思想还在此基础上发展出一种观察万物生意的独特方法：通过对天地万物生意的观察，人可以提升生存的境界，陶冶内在的性灵，体悟宇宙化生万物的伟大力量，还能够在具体的、感性的、活泼泼的生命中达到仁爱的道德境界。故此，对天地万物生意的观察，是一种集理性智慧、伦理精神、审美情怀于一体的活动。

宇宙万物之间，生生精神是最可贵的，因为一切存在者的价值都要以此为前提。对生生精神的惜爱，彰显的正是人类崇高的审美生存境界。尤其是在新儒学中，生生精神贯通了艺术世界与道德世界，是践行审美生存的有效途径。

二 中国道家审美生存思想

中国传统道家思想中含有独特的审美生存思想，且道家审美生存思想具有审美生存的精神气象，对中国传统审美思想的形成起到了关键作用。

第一，道家审美生存思想强调回归本真自然状态的重要性，重视使人的生存状态回到最本真的状态，如老子强调"夫物芸芸，复归其根，归根曰静，静曰复命"①。庄子认为人生的评价标准是能否复归生命之根本，人本来就是天地之气所生，人的生命也是天地精神自然而然的绽放，因此，人的真实生命应该是没有杂质的，也不应该存在种种虚妄的成分，应该是超越了知识的诱惑和欲望的引诱的存在。因此，人只有回到本然的生存状态，才算回到了自己真实的生命状态。《庄子》中有"浮游乎物之祖""浮游乎物之初""与物有宜""与物为春"，认为回归天地大道的办法就是回到万物生生之源。

道家审美生存思想关注的核心是人的本真生命。庄子通过对天的思考与阐述来表达人本该拥有的最为本真的生命状态，他的审美生存思想也是围绕着人的生存状态展开的。在庄子看来，大多数人不能从本真的

---

① 《道德经》第十六章。

生命状态出发，心被物役，灵为知感，终日茫然不知所措，本真自然的生命不断被日常生活所吞噬，人的现实存在过程也就成为人的异化过程。本来每个个体的存在都有其有限性，而欲望的不断滋长又凸显了生命本身的脆弱性，将人最本真、自然、圆融的生存理想撕得粉碎。因此，庄子才感慨道："一受其成形，不亡以待尽。与物相刃相靡，其行尽如驰，而莫之能止，不亦悲乎！终身役役而不见其成功，苶然疲役而不知其所归，可不哀邪！"① 庄子意识到人作为有限的存在者，在现实生活中面临着无所不在的迷失。

从存在异化的怪圈中解放出来，是为了回到本真的生存状态。庄子强调审美生存的核心是本真的生命，而功利主义的执着追求与钩心斗角的竞争阻碍了本真生命的绽放，应回到自然而然的状态，摆脱机心对人生存的异化，摆脱知识对人生存的困惑，摆脱规范对人生存的束缚，回到天然的、原始的、本真的、自由的存在状态之中。这种存在状态是不追求功利目的、认为众生平等的，是不受人世间得失成败困扰的，是完全发自内在本性的。

道家审美生存思想强调本真的生存状态要凭借彻底的审美精神才能获得。在现实生活中，人普遍丧失了真实的生存状态，审美生存就是要化解现实生活中无处不在的冲突对生命造成的伤害。只有从内在心灵出发去体验，才能体悟到天地万物不待他成而自成，人同样可以不待他成而自成。体悟真实生命的过程既不是寻求知识的活动，也不是追求道德的实践，而是以艺术化的态度使生存变得具有美感，并在这种体悟中充分享受畅游本真存在之乐，体验人与天地万物相沟通所带来的无限惊喜。当人的心灵与万物契合无隔时，既不会依恃什么，也不会受到束缚，更不会受到滞碍，从而能够欣欣然地参与本真生命的畅游。

道家审美生存思想对人类的生存处境进行了认真的思考。达到生命的本真状态，实际上就是回归生命之根本的过程，人回归本然的生命状态，就像回到家乡一样，能够唤起人内在的深厚感情，使人不禁歌之舞

---

① 《庄子·齐物论》。

之，足之蹈之。在这种生命本真得到畅通无阻的呈现时，虽然人生依旧短暂，但是人能够因循自然而然之化育，体验生命之丰富与纯粹。

第二，道家审美生存思想强调生存必须遵循本真的生命大道。生命的畅达只有在个体的心灵中才能够实现，道家审美生存思想强调让人保持通达生命大道的心态，因此提出了积极保护本真生命的观点。

庄子在其经典文本中提到了关于保护本真生命的方法。以《庚桑楚篇》为例，庄子以老子之名提出了一系列保卫本真生命的技巧。保护本真生命的要求就是能够防止心灵不受外界干扰，保持心灵的专注与宁静。对于本真生命状态的保护是渐进的：强调"抱一"就是专注于本真的生命状态而不改变；强调"勿失"就是要求在内心中真正体验到本真的生存状态；强调"知吉凶"就是认为心灵如果能够保持宁静、洁净，就可以深思妙通，与天地之间的根本精神相往来；强调"能止乎"，就是要求心灵能够复归虚静的状态，这样才可以让天地万物自然而然地呈现；强调"能己"，就是要求引导自己忘己忘物，从而达到悟道的境界；"能舍诸人而求诸己"强调只有在去除一切内在与外在的束缚之后，才能从依他生存返回自然而然的生存状态；"能脩然"强调的是人与天地万物之间的交往无所滞碍，浑然一体；"能侗然"强调的是人能否可以做到心神宁寂、无所执着；"能儿子"则是保护本真生命的最高境界，也就是达到本真的生存状态和自然而然的存在境界。

从庄子保卫本真生命的渐进过程可以看出，保持本真的生命状态是为了能够达到一种心物融合的境域。在庄子的审美生存思想中，生命有三种存在层次：第一层次是生理生命，第二层次是心理生命，第三层次是宇宙生命。其中，生理生命是个体存在的基础，生理与心理的交互融合是人实现与宇宙整体相互契合的前提和基础。生理与心理的交互融合过程，就是"全汝形，抱汝生"。据此，庄子提出了关于生命之"和"的主张，"一上一下，以和为量""慎守汝身，物将自壮，我守其一，以处其和""女正汝形，一汝视，天和将至"。在这里，"和"是个体生命本真而自然的显现，是自在自得、畅然敞亮的生存状态。

生理与心理之调和交融是达到审美生存状态的客观要求。庄子在其经典文本《养生主篇》中有非常明确的阐述："吾生也有涯,而知也无涯。以有涯随无涯,殆已!已而为知者,殆而已矣!为善无近名,为恶无近刑,缘督以为经,可以保身,可以全生,可以养亲,可以尽年。"在这段阐述中,庄子分析了知识与生命的关系:个体的生命是有限的,而知识的总量是无限的,如果在有限的生命中投入对无限的知识的追逐,肯定会把个体的生命搞得疲惫不堪。因此,对生命来说,获取知识并不是必需的,学会养生才是生命的基础。"缘督以为经"强调对人的生命规则的遵循,借助经络使人获得内在平和的方法。庄子特别指出,养生、养气的关键是能够强化养育生命中血气的作用,且放弃对知识的过度求取,这才是保养生命的大道。其实这与老子所谓的"为学日益,为道日损"①之意相通,都阐述了获得生命真意与获得单纯知识的区别。正因如此,庄子要求实现从"思"到"心"的转变,也就是从向外的求索,转变为对内在的培育;从知识的获取,转化为对精神的养育。转化的实现,需要"心"的融入,也就是说,需要把"心"融入生命存在状态的形成过程当中。

按照道家审美生存思想的逻辑,今生是背离了本真状态的生存,所以应该保持生存、遵循生命大道、返回生命本真状态的培育之中,从而实现对本然生命的唤醒与解蔽。道家的这一审美生存思想后来与大乘佛教相融合,在培育审美生存的纯粹灵性等方面产生了重要作用。南宋诗人谢灵运在诗中写道:"万事难并欢,达生幸可托"②,"聊取永日闲,卫生自有经"③,"虑淡物自轻,意惬理无违。寄言摄生客,试用此道推"④。从中可以看到谢灵运主张"无为",推崇"朴"与"无",这明显受到道家审美生存思想的影响。道家主张人生的最高境界应该是"返璞归真",所谓的"璞"就是自然纯真的状态,在这个状态之中没有任何烦恼和欲望,欲望是人类社会一切灾祸与不幸的根源,知识的积累导致了欲望的

---

① 《道德经》第四十八章。
② 《先秦汉魏晋南北朝诗·宋诗卷二》。
③ 《先秦汉魏晋南北朝诗·宋诗卷二》。
④ 《先秦汉魏晋南北朝诗·宋诗卷二》。

膨胀，等欲望发展到一定程度时，人类就会为了追逐名利而丧失理智，相互之间充斥着争斗与倾轧，整个社会就会陷入混乱和痛苦之中。因此，老子强调最高的生存境界是"专气致柔，能婴儿乎！"西方现代哲学家尼采也强调超人要依次经历三种境界——承重的骆驼、勇猛的狮子、返璞归真的婴儿，同样把复归于婴儿的纯粹状态作为生存的最高境界。

第三，道家审美生存思想强调生存是为了体证天地大道。道家审美生存思想重视面向万有的维度，这是以郭象崇有论的哲学思想为根基的。郭象认为，"无"就是"无"，是不可能生出"有"的，"有"不依赖他物就能够自己建构。郭象在《天下注》中认为，"夫无有，何能所建？建之以常无有，则明有物之自建也。自天地以及群物，皆各自得而已"。在他看来，万物都是自己建立自己，自发自生、自本自根的。郭象认为不存在"无"中生"有"的可能性，"有""无"之间不能相互转化，"无不得化而有，有亦不得化而为无矣"。在"有"之外，并不存在一个抽象的本体"无"来操控"有"，"有"不是"无"所能够生发出来的，"有"之所以能够产生，是因为依靠自身而生的，"物物者无物，其自物耳"。因此，"有"的存在是不需要任何外在条件的，是"无恃"的。郭象的观点瓦解了道与器之争、现象与本体之争的传统思维范式，动摇了传统哲学思维中非此即彼的现象本体二元论的思维范式，并开辟了一条新的道路。郭象通过对崇有论的阐释回答了世界存在的意义，并明确指出，存在的光明是由存在者自身所照亮的，世界本身就是世界的意义所在。这种思维模式重视感性存在本身，对审美生存思想具有重要的启示意义。

道家审美生存思想重视实存的维度。郭象的"自性"理论在审美生存思想层面引起了普遍重视。在其"自性"理论中，他肯定唯一真实的存在就是"有"，但又认为"有"是相互独立而存在的，各自都有"性分"。郭象在《山木注》中说过，"凡所谓天，皆明不为而自然。言自然则自然矣。人安能故有此自然哉？自然耳，故曰性"。各个物种都是按照自己的本性而存在的，不同的存在者之间是有区别的，就像禅宗偈言中所描述的那样，一草一天国，一花一世界，万物各有自己的本性，并且都是自在而圆满的。但从另一方面来看，物与物之间又是相互畅通的，郭象对这一点也进行了阐述,"物各自然,不知所以然而然,则形虽弥异,其然弥同"。但是这种所谓的"同",是指生命之间的共通,世界万物是一个自我生成、自在自足、自在运作的现象实体。这对审美生存思想的发展很有启发性,世界万物自然而然的状态就是本体,感性生命本身的解蔽与澄明就是本体。应把自然提升到生命本体的高度,并将之视为意义萌发的根源。

三　中国佛家审美生存思想

第一,佛家审美生存思想对中国人的审美心理建构影响深远。中国佛教已经不同于刚传入时的印度佛教,佛教传入中国之后,受到中国世俗化进程的影响,并开始变异为类宗教,同时比较重视对现实社会生活的超越,这就强化了中国化佛教与审美生存的关系。

中国佛教审美生存思想对于中国传统文化的审美心理结构影响极为深远,对中国人审美生存意识的形成有着一定程度的影响。基于特有的世俗化趋势,中国人的宗教信仰并非纯粹的宗教信仰,其宗教行为往往是为了满足心理慰藉,也正是基于这个特点,宗教在中国对民众精神生活的影响是比较普遍的,宗教意识对人的精神生活,尤其是审美意识与艺术标准的形成产生了重要影响。

第二,中国佛家审美生存思想非常重视超越的维度,具有超越性。中国佛教之所以能够对人的审美生存产生重要的影响,就是因为摒弃了强烈的功利性追求,强调佛法只是人的解脱途径,不应该产生我执,更不应该产生法执。这种趋向与审美生存中的非功利性特征相似。中国汉传佛教虽然门派很多,主要教派就有天台宗、三论宗、唯识宗、华严宗、律宗、真言宗、禅宗、净土宗等,其中禅宗一派,又分化为五家七宗,但是都把超越物质欲望、获得心灵解脱作为追求。

只有消除不必要的欲望,人才能做到六根清净,不为外物所动。《六祖慧能传》中强调"不生憎爱,亦无取舍,不念利益,成坏等事,安闲恬静,虚融澹泊",认为人不应该生有欢喜或者厌倦之心,不应该对现实存在有所区分，也不应有患得患失之感，只有这样才可以保持精神的闲适、淡泊。例如，义怀禅师强调学佛应该像雁像水，因为"雁无遗踪之意，水无留影之心"，消除了功利之心的困扰，才能不受现实观念的滞碍，澄怀观道，获得个体初心与宇宙本性相融合的机会，从而不计较得失，获得精神的超越，达到"瞬间即永恒""刹那见终古"的效果。

第三，中国佛家的审美生存思想集中体现为禅宗审美生存思想。鉴于中国佛教派别众多，这里仅以禅宗的审美生存思想为例进行说明。禅宗审美生存思想强调对人生的把握与肯定，要求人以审美的态度对待生存，在世俗生活中追求理想的生存境界，做到物我两忘，不计得失，实现个体生活与宇宙本体的紧密结合。禅宗特别强调完美的生存境界是在日常生活中获取的，因此强调"平常心是道"①，应机接物、行住坐卧即可寻道。在禅宗看来，宇宙万象都是生存本然的呈现，都是佛性的象征，"月白风恬，山青水绿。法法现前，头头具足"②，"青青翠竹，尽是法身。郁郁黄花，无非般若"③，从万事万物的存在中即能够体味到佛性的存在。

第四，禅宗审美生存思想强调审美对当下生存处境的突破。禅宗认为，审美生存是在当下的日常生活中实现的，只要人能够做到物我两忘，就能够抵达人生的自由之境，正所谓"竹影扫阶尘不动，月穿潭底水无痕"④。

当下审美生存的诗意栖居是完整的，因为一切性都是相互圆通的、一切法都是相互包含的，就像月亮可以映照一切水，一切水又可以通过月亮被观察到那样。禅宗强调"理"与"事"之间是圆融具足的关系，从毛端中可以看到整片国土，从一朵花中可以观察到整个世界。虽然现实生活中的情景是无限的，但是自己和别人实际上没有丝毫的隔阂；虽然人类历史源远流长，但在任何时候都无法脱离当下的念头而存在。

禅宗的审美生存思想强调超越物我二分，理想的存在都是物我泯灭

---

① 陈载暄：《禅外流云》。
② 释海印：《偈》。
③ 《景德传灯录·慧海禅师》。
④ 《五灯会元》卷十六。

的，如空手拿着锄头、步行骑着水牛，只见桥流、不见水流，看到青山在行走，但是看不到太阳在运动，实际上这些都是在强调，只有摆脱了日常生活状态的限制，才可以体悟到宇宙本体的存在。

第五，禅宗审美生存思想重视自然而然的生存状态，强调对平常之境的任运随缘，追求在自然而然的境界中实现超越的自由。饿的时候要吃饭，冷的时候要加衣，困倦时躺下睡觉，闷热时出去吹风，出去的时候就不要想家里，在家里的时候就不要考虑途中的事情。虽然身处红尘俗世，却不会被世俗所沾染，虽然全身上下都是灰尘，但是心理上却不为这些灰尘所影响；虽然在充满诱惑的街道上散步，但是心理上可以保持纯真。

在普普通通的日常生活中，是可以实现佛性的妙用的。禅宗强调，人的烦恼源于分别心的影响。实现人的审美生存，应在一切事物上都没有分别心，净垢之间、死生之间、心佛之间、色空之间、他我之间没有根本区别。慧能在《坛经》中强调"无念为宗，无相为体，无住为本"，认为只有消除分别思维达到"无念""无住""无相"的境界，才能够摆脱妄念邪欲对人的本真生存的遮蔽，保持人的真实本性，消除世俗的烦恼。

禅宗审美生存思想强调审美生存的过程就是去除遮蔽、恢复澄明的过程。禅宗认为每个人都天然地拥有充满光明的本心佛性，但在日常生活中受到妄念邪欲的影响，遮蔽了本心佛性的光亮，禅宗的修行目的就是借助各种修行方式消除对本真生命的遮蔽，使人的生存回归本真状态。故此，禅宗把照亮的人生、解悟的人生、健全的人生作为修行的最终旨归。在禅宗看来，至关重要的是能够绽放人之所以为人的本心佛性，并践行于现实的日常生活之中，这才是对生命的极大关怀与敬重。

第六，禅宗审美生存思想所开辟的审美生存路径。首先，审美生存方式要通过禅定修行来实现，要借助于佛教修行方式解悟佛教的宗旨。佛教认为众生都有本心佛性，只是常为外界的尘俗妄想所遮蔽，不能够显现出来。如果能够做到舍弃妄想，复归真实的本性，专注于观照存在，消除人我、凡圣的隔阂，不随波逐流、人云亦云，自然能够与真理佛性相契合，进而消除分别心，实现寂静无为的超越。

其次，实现审美生存要通过与祖师"机锋""公案"的辩论在学习中悟道。这也是佛教追求明心见性的过程，通过对某些问题的探讨，从日常生活境遇中解脱出来，以便敞亮本心，呈现本心佛心，寻求绽放本真存在的境域。在佛家那里，禅与心是相互依存的，禅的领悟离不开心的投入，心的解脱离不开禅的帮助。禅与心既趋向同一个目的，彼此又相互生发。

再次，审美生存要通过对日常生活中诸种现象的"妙处宣明"来实现。"妙处宣明"最初源于《楞严经》卷五所记载的故事，是说僧人在洗澡的时候，突然领悟到水既不是用来洗尘土，也不是用来洗身体，它只是安然地按照自己本来的样子存在着，但是却能够发挥无上的功能，从而获得了启发，通过对日常生活中细微事情的体悟获得了解脱。水性永远按照自己不垢不净的本性存在着，可以漂流出轻微的东西，累积起沉重的东西，不因外界而影响自身的存在状态。本心佛性的呈现与水性相似，把轻微的杂念逐渐过滤出去，把沉重的欲念慢慢沉淀出来。禅宗强调，只要执着于悟道的境界，实际上已经执着于相了。"若见诸相非相，则见如来"①，因此，应该在日常生活中自然而然地生存。

最后，实现审美生存要通过对自然存在的生命的体悟而悟道。在禅宗经典中，从山、水、雪、竹、树、花中悟道的例子随处可见。当人置身于青山绿水之间的时候，很容易摆脱凡俗对人精神的控制，从而回归朴实本真的生存状态。"天下名山僧占多"②，由此可以看出佛家对审美生存的重视：不仅仅是重视现实生活中的审美存在，也重视通过审美存在实现最终的悟道与解脱。

以禅宗为代表的中国佛家审美思想对人们的日常生活倾注了极大的热情，并点明了实现审美生存的通途。禅宗强调解除心灵的痛苦和焦虑，对于当下我们发展新的审美生存思想具有重要的启发意义。

---

① 《金刚经·如理实见》。
② 《增广贤文》。

四 中国文化审美教化思想

如前文所述，以儒道释为主流的中国传统文化蕴含着丰富的审美生存思想，这给当下审美生存的实践以及教化提供了丰富的思想资源。教化本来就是中国传统文化极其重视的实践活动，审美生存教化是其中重要的组成部分。下面就择要介绍一下中国文化中的审美教化思想。

第一，重视生存境界的提升。中国文化更加重视生存境界的提升，这有着诸多表现。按照冯友兰先生的观点，相对于西方文化运用加法的思维方式，中国文化多运用减法的思维方式。加法的思维方式是对知识不断进行积累，减法的思维方式是不断减少与生命无关的知识沉淀，让人更加本真的生存状态呈现出来。也是在这个意义上，老子曾经明确提出"为学日益，为道日损"的说法。在这里，老子强调人在学习知识的时候，一定要尽可能地提高对知识的认识程度，使知识更加丰富；但是对人的生存来说，最重要的是不断消除那些束缚、牵绊生命存在的各种因素，使生命按照最自然、本真的状态自行涌现，这才是符合人本身的生存方式。

因此，中国人重视活着，更重视活法，也就是活着的状态。如果说生存的境界不高，那就是"生不如死"；如果生存的境界很高，那么人是可以"舍生取义"的。对生存境界的重视，是中国文化基于现代审美生存教化的重要遗产。张世英先生对冯友兰先生根据中国传统文化提出的生存四境界做过详细的创新性阐述，颇为精彩，这里进行简要说明。首先，最低的境界是欲求的境界，是为了满足人的动物性、生存性需要而展开的活动，在这个境界中，人与动物基本上没有区别。其次，是功利的境界，人的生存不单单是为了满足自身的欲望，也是为了能够更加清晰、全面地遵守客观世界的秩序，按照"实然"的标准开展活动，并逐渐领会天地万物之间存在的关联。再次，是道德的境界，人开始把领悟万物一体作为自己追求的目标，并且按照"应然"的标准展开活动。最后，是审美的境界，人超越了"实然"与"应然"，摆脱了自然欲求、功利道德的束缚，与世界完全融为一体。①

第二，追求日新又新的建构。中国文化最为推崇日新又新的建构精神，极为重视过程在世界形成以及人的生存塑造中的根本地位。早在《礼记》中就有"苟日新、日日新、又日新"②的阐述，强调君子的精神是自强不息，天地之大德是生生不息，"日新之谓盛德，生生之谓易"③，认为人只有奋发图强，才能够与天地万物同步。中国传统美学的这个观点，强调只在运动变化中生成的观念，重视运动、韵律、力量的审美观念，这对于当前的审美生存教化具有重要的启发意义。现代社会中功利主义盛行，人们普遍重视结果而轻视过程。日新又新生存理念的建构，有利于提升人的审美生存境界，将精进不息的精神灌注到日常生活之中。

日新又新的观念深入人心，将会带来生存状态的转变。既然相信存在在过程之中生成，就能够理解不居故常，与时消息，朝惕夕厉，居安思危，得意得势不自满，失意失势不自馁④，时时刻刻不怠慢、不松懈，以如临深渊、如履薄冰的态度面对生活中的一切，因此能够见微知著，见几而作，不俟终日，懂得遇穷思变，做到"穷则变，变则通，通则久"，也能明白保泰持盈、处困居危的道理。这些都是审美生存的重要组成部分，应借助传统文化精神将其灌注到人的审美生存教化之中，使人养成日新又新、勇猛精进的生存品格。

第三，具有浩然之气的人格。中国传统的审美文化，非常重视审美人格与道德主体的养成，而且把审美人格与道德主体结合在一起，这就是中国传统文化中的阳刚之美，也是当代社会中可供借鉴的教化资源。如孟子就提出大人格是儒生修养的目标，认为美就是人格之美。"可欲之谓善，有诸己之谓信，充实之谓美，充实而有光辉之谓大，大而化之之谓圣，圣而不可知之之谓神。"⑤孟子将人格分为六个阶段：可欲之善，

---

① 张世英：《哲学导论》，北京大学出版社，2002，第79~80页。
② 《礼记·大学》。
③ 《易传·系辞上》。
④ 钱穆：《中国思想通俗讲话》，生活·读书·新知三联书店，2002，第85页。
⑤ 《孟子·尽心下》。

每个存在者都应该追求符合仁义的东西；有诸己之信，即言行一致、遵守诺言；充实之美，将仁义礼智灌注到生存的方方面面，达到对德性自然而然的遵从；充实而有光辉之大，指存在者的德性人格泽被周围的生活世界；大而化之之圣，是指存在者具有极为强大的感染教化力，足以改变社会风尚；圣而不可知之神，是指化育天下却无人知晓。为了践行审美生存，孟子强调要"善养吾浩然之气"，因为"其为气也，至大至刚，以直养而无害，则塞于天地之间"①，能够使存在者的道德目标与情感体验相协调而保持勇猛精进、日新又新的生存状态。经过"配义与道"②，理性悟道与实践行道相结合，使生存之美得以充分展现。

中国传统文化中的审美人格是崇高伟壮、刚强宏大的。如孟子强调的"仰不愧于天，俯不怍于人"，"富贵不能淫，贫贱不能移，威武不能屈"，人不用屈服于任何力量，也不用在任何事物面前退缩。人本身具有"自反而缩，虽千万人，吾往矣"的主动、独立、勇敢与坚强的品质。③内在理性所凝聚的道德人格可以感性审美的理性力量呈现出来。孟子强调自然生理中可以凝聚道德主体的理性，人的感性存在可以变成无比强大的感性力量，从"美"依次上升为"大""圣""神"的个体人格。因此，浩然之气兼具生命与道德、感性与超感性的双重性质，可以达到与天地宇宙相通的天人合一的状态，"夫君子所过者化，所存者神，上下与天地同流"④。面对当代社会中存在的虚无主义潮流，中国传统美学的人格建构将会为审美教化提供诸多资源。北京行政学院教授张耀南在其论著中强调，中国传统文化中的理想人格是"大人"，认为"大人"可以超越"自我中心主义""人类中心主义""地球中心主义"的视域，能够达到最高境界，能够实现对最大视野的拓展以及生命存在的最大可能性。⑤

第四，向往逍遥自在的超越。中国传统文化中蕴含了关于存在超越

① 《孟子·公孙丑上》。
② 《孟子·公孙丑上》。
③ 《孟子·公孙丑上》。
④ 《孟子·尽心上》。
⑤ 张耀南：《论中国哲学中"大人视野"的三个维度》，《湘潭大学学报》（哲学社会科学版）2008年第1期。

的丰富思想，并对审美超越的具体方式进行了探讨，这对于推进审美生存教化具有重要的借鉴意义。为了追求独立自主的人格理想，可以"彷徨乎尘垢之外，逍遥乎无为之业"，从而"忘其肝胆，遗其耳目"，"死生无变于己，而况利害之端"，寻找生存中不可阻挡的快乐与自由。这样人们就可以排除所有的干扰，体验到人与万物一体而遨游于天地之间的快乐。在此，这种快乐已经不是一般的快乐，而是最高生存境界的象征。

中国传统文化中有关于审美超越的具体路径，可以为现代人的审美生存教化提供参考。如庄子曾经提出，借助"心斋""坐忘"等方法达到超越的审美生存境界。虽然这是精神的超越，可能使人感觉到超越人世间一切内在与外在的欲望、谋划、思量、束缚与规范，似乎远离人的日常生存。实际上，这与儒家借助礼仪秩序与道德修养超越当下的日常存在是类似的，都追求更高的生存境界。这种教化内容与途径也是审美生存教化应该积极借鉴的，并且可以模仿中国传统文化中儒道互补形成文化的稳定性。在现代社会的生存教化之中，加强出世审美教化与入世审美教化，使存在者在功利实践与精神生活之间保持平衡。

第二章　西方传统文化中的审美生存思想

在人类历史的发展中，西方文明的影响力愈来愈大。尤其是近现代社会中，西方科学技术与资本主义制度的结合，在全世界范围内被视为生存与发展的典范。虽然西方文化存在诸多问题，但是其影响力仍然不可小觑。因此，对西方传统文化中的审美生存思想进行系统梳理，能够更好地理解现代审美生存中存在的问题。本章将从古希腊的审美生存思想、中世纪的审美生存思想、近现代的审美生存思想以及后现代的审美生存思想四个方面展开。

一　古希腊的审美生存思想

古希腊存在比较丰富的审美生存思想。古希腊思想家对人生与宇宙的一切存在都充满好奇，他们对审美生存、生活的艺术以及心灵的修养都进行了深入的探索。下文将对其审美生存思想进行简要阐述。

第一，苏格拉底的审美生存思想。"古希腊三杰"之首苏格拉底把自己的人生使命界定为对古希腊人灵魂的拯救。他认为自己就像一个牛虻，来提醒古希腊麻木的人们不能仅关心自己的财产与外在的荣誉，更应该关心自己的心灵德行，认为精神生活的形塑才是人世间最重要的事情。苏格拉底强调自己是上天委派到人间的牛虻，把告诫人们关心自身作为头等大事。在街头、广场，苏格拉底同他遇到的所有可能谈话的人进行交谈，就是为了告诫、教育雅典人，必须践行关怀自身的使命，尤其是对精神状态的关心。在苏格拉底看来，之所以要把关怀自身作为最高原则，是因为若没有自身的存在，一切存在也就失去了意义。只有自身存在按照本然的状态展开，才能够获得更高的生存质量。为了实现这一理想，他不惜付出任何代价，甚至在临刑之前，还极其从容地和学生、朋友们一起探讨灵魂的事情。

苏格拉底认为关怀自身的审美生存原则是拯救雅典人的唯一途径。苏格拉底反复强调，只有遵循关怀自身的生存原则，雅典民主才能够复兴，雅典市民才能够获得幸福充实的生活。关怀自身，实际上意味着雅典市民对城邦命运的关心，意味着他们对城邦政治体制合理性以及运行状态的关心，意味着他们都是自己和城邦的主人，既能够满足自身的本真欲望，又能够与他者保持深厚的感情。因此，苏格拉底一再强调，践行关怀自身的原则，比在奥林匹克运动会上获得胜利重要，应该让他们知道关怀自身比关心自己的财产重要，关心城邦命运比关心物质利益活动重要。他甚至强调，被误判死刑最好的补充就是替他宣传关怀自身的原则。

苏格拉底强调，关怀自身的审美生存是城邦治理者必须掌握的技艺，城邦治理者必须把关心城邦以及城邦子民的命运作为首要的事情来做。只有引导民众真正关怀自己，才能使之成为真正的公民。所以，苏格拉底一生都在引导他人将关怀自身作为生活、教育与思想的基本原则，注重生活境界的提升与思维模式的培养，关注自己的灵魂与精神。

第二，柏拉图及其学派的审美生存思想。苏格拉底的学生柏拉图及其学派关怀自身审美生存思想的内容具有以下三个基本特征。

首先，柏拉图学派强调认识到自己的无知是关怀自身的前提条件。这是因为人在很多问题上是无知的，要提醒人关怀自身。认识人的有限性，是人生存过程中最为关键的知识，而关怀自身就是学会在有限存在中的生存技艺。有限本身非常容易带来危险，使人在实践中误入歧途。人意识不到有限的存在，要比对某些知识的无知更有害：因为知道自己不知道的人还存在审慎的心理，而不知道自己不知道的人则可能为所欲为。因此，意识到自己对自身的不了解以及如何改善自己无知的状况，是关怀自身的生存美学形成的重要条件。

其次，柏拉图学派强调认识自身是关怀自身的基本条件。其认为一旦真正认识到自己的无知，就应该把认识自己作为认识的首要任务，认识自身的过程等同于关怀自身的实践过程。关怀自身，是对自己灵魂的关怀，是为了更好地实现对自身的认识，而认识自身是关怀自身最为基础的内容。

最后，柏拉图学派强调，回忆是贯穿认识自身与关怀自身的唯一通途。回忆是对自身生存状态的反省，在反省之中，人可以净化灵魂，发现并遵循神的存在，从神的视域审视人世间那些非常真实的存在，并窥探到理念世界所展示的本然境界。① 柏拉图学派强调，认识自身就是对自己的本然状态有清晰、准确的认识，能够确定自己的身份。只有在回忆之中，人才能够对自己有所发现，并对自己真正有所把握。回忆是关怀自身、认知自己、心灵运动、认识真理的内容，同时也是认知返回自身本性的关键所在。

此外，柏拉图还强调人应该保持某些有利于审美生存的基本品性，诸如勇敢、节制、虔敬、宽宏等②。勇敢可以使人在生存中保持信念，无论在何种境地都能够遵守生存的戒律。节制则强调人要成为自己的主人，能够用理智和信念控制自己的言行，做审美生存当为之事。宽宏则是为了避免人与人相处的纷争，追求人际关系和谐。有时候还会加上智慧或者正义③，前者是指通观全局的能力，后者指每个个体都能够按照自己的本性与职责生存。

第三，伊壁鸠鲁的审美生存思想。从公元 100 年到公元 200 年，人生的陶冶与净化成为哲学的主题，政治不再是哲学家关注的焦点，关于生存的技艺、生活的艺术、存在的反思等问题成为生活技艺的核心问题。

生活技艺问题之所以越来越被视为关怀自身的艺术，是因为人们越来越清晰地意识到生活的最终目标是为了自身，自身是生活所应关注的基本内容。生命的尊严越来越受重视，任何事物都不应成为人牺牲自身

---

① 〔古希腊〕柏拉图：《柏拉图文艺对话集》，朱光潜译，人民文学出版社，1963，第124 页。
② 〔古希腊〕柏拉图：《柏拉图文艺对话集》，朱光潜译，人民文学出版社，1963，第 52 页。
③ 〔古希腊〕柏拉图：《理想国》，郭斌和、张竹明译，商务印书馆，1996，第 144 页。

与生活的理由。所以，相关问题得到了人们越来越多的关注，并且被进行了深入的讨论，如"人应该过什么样的生活？""人最适宜的生存方式是什么？""公民应该选择什么样的生存方式？""学会选择适宜的生活需要哪些知识？"随着讨论的继续，关于何谓本真生存、如何达成本真生存的问题得到了深入挖掘，哲学探讨的中心越来越集中在对人的生存方式的探索上，逐渐把如何引导主体学会自我改造、自我选择、自我管理作为学习和践行生存艺术的途径及主体的核心任务。

感觉主义是伊壁鸠鲁审美生存思想的基础。伊壁鸠鲁学派的哲学根基是唯物主义，强调人的认识以及认识可靠性的基础来自人的感觉，人的回忆以及建立在感性基础上的推理有可能带来错误，但人不可能证实感觉的错误，因为所有的证实本身必然依赖于感觉，而感觉只能依赖于人的感官与外界的接触。因此，在伊壁鸠鲁看来，无论是精神方面的活动，还是肉体方面的活动，都要建立在身体感触所产生的感觉与感情的基础之上。所有的痛苦或者快乐，都来自人的肉体感官所产生的感觉。所有关于善恶的判断与抉择，都建立在痛苦与快乐的基础之上。伊壁鸠鲁强调个体幸福的最高原则是感官的感触。

伊壁鸠鲁强调，追求个人的幸福应该是审美生存的核心内容。其认为，无忧无虑的生活是实现审美生存的途径，但是只有借助人的智慧、人的实践经验的积累以及人对于生存经验的透彻理解才能够变成现实。伊壁鸠鲁认为，人无忧无虑的审美生存状态实际上包含着两方面的内容：从消极的方面来说，就是消解人类自身存在的一切烦扰；从积极的方面来说，就是真正能够掌控自身的生存状态，成为命运的主人。

伊壁鸠鲁认为，对人来说，最重要的情态就是愉悦快乐，这也是人类所要实现的最高人生目标。不过，满足人的愉悦快感并不是指人可以放纵欲望为所欲为，而是能够对自身欲求得到满足的心态进行恰当的管理，用巧妙的策略和灵活的艺术形式去满足欲望，使满足自身欲求的同时又让他者不被排斥。因此，所谓愉悦快感的满足，是指协调肉体以及精神方面的一切行为，在自身愉悦的同时，不至于影响他人愉悦快感的满足。

关怀自身的原则逐渐得到了凸显。其实，早在苏格拉底以及柏拉图时期，就强调对心灵的呵护以及培育是关怀自身的重要内容，灵性的培养应该是哲学的基本任务。伊壁鸠鲁强调心灵培育的过程就是对心灵治疗的过程，强调人在日常生活中必须强化对心灵创伤以及精神创伤的治疗。因为终其一生，每个个体都要面对各种各样的、持续不断的损害与打击，必须恢复身体与精神的健康状态，并不断补充精神与精力方面的能量。

因此，审美生存蕴含着不断培育、修正、完善的意义，人的审美生存过程就是人不断地进行自我治疗、自我提升、自我完善的过程。从来不存在从天而降的幸福，也不存在与生俱来的完美，人的生存必然是一个不断修正、补充与完善的过程，而且这一过程必须依托于人自身富有想象力的、主动性的、创造性的实践。因此，进行哲学运思实际上是为了能够达到真正健康的生存状态。

第四，斯多葛学派的审美生存思想。斯多葛学派的审美生存思想在西方审美生存思想的发展过程中，具有极为重要的意义。它对古希腊关怀自身的思想进行了改造，使之成为生活中必须时刻遵守的生存原则。

斯多葛学派强调，关怀自身是生命体的自然本性。所有的生命都有关怀自身的自然倾向，人对自身的关怀要依赖于人对自己灵性的培育与精神的提升。因此，应通过人自身的道德努力实现审美生存的目标。只有挖掘人的存在智慧，激发人的潜能，才能够达到审美生存的自由境界。审美生存需要非常系统化的甚至非常艰苦的精神修炼，因为精神修炼必须直面生存中的现实问题，并从各种问题中探索、尝试修身养性的精神修炼之道。只有实现了对自身的关怀，才能够处理好与他者的关系，从而使个体尽可能达到超然自在的愉悦状态。

斯多葛学派将医学实践视为关怀自身的模板。首先，就像医生需要对病人不断地治疗与呵护一样，每个个体也需要不断地对自身的生存状态以及精神心灵进行自我修正、自我关怀、自我完善、自我提升。其次，就像医生从医需要掌握医疗技术与技巧那样，关怀自身的生存实践也需要掌握一系列的生存技艺与生活技巧，以保障审美生存的实现。最后，就像人的身体不可能一次治疗、终生无忧，审美生存实践也不是一次就能够完成的，需要同生存过程中各种影响因子进行多方面的较量，如此才能够不断推动审美生存的实现。因此，审美生存的过程，实际上是人不断学习与生活的过程，是持续返回自身的修身养性的过程，也是理性生成与实践生成的过程。

斯多葛学派强调精神的安宁是审美生存中最为重要的。如塞内加强调，相对于精神的安宁，肉体的快乐微不足道；明智意味着对自然的尊重；人自我修养的标准就是自然的规范，人的幸福生活就是按照本真的天性去生存。他认为只有具备坚忍不拔、勇猛刚毅的良好修养，才能够很好地适应各种变化，在满足身心需要的同时又不至于过分地担心忧虑，从而恰如其分地满足身体的需求并准确客观地界定事物的价值，充分地享受命运的恩赐而不会成为命运的奴隶，从容地抵抗外界的各种刺激而能够保持心灵的长久安宁与自在自由。肉体的快乐是有限的、暂时的、渺小的且有害的，人应该追求那种有力的、长久的、宏大的、和谐的精神快乐，也就是对生存持有一种超然豁达的审美态度，拿得起、放得下，不计较、不忧虑。

斯多葛学派强调审美生存需要对自身的生存选择进行教化以及严格的训练，并坚持在日常生活中进行自我督查与提升。对于每个个体来说，所谓的审美过程就是对生命的充实与提升。而生命是一个完整的过程，因此，必须使生命的每一个阶段都有利于灵性的自我教化，从而真正实现审美生存。塞内加强调只有进行非常严格的灵性修炼，进行脱胎换骨式的精神、思想方面的改造，才能够避免成为外界或者他人的奴隶，实现从沉沦状态到本然状态的回归。

斯多葛学派强调，合适的生存态度是实现审美生存的客观要求。如塞内加所说的，真正符合审美生存的原则是人在面对任何事情时，都能选择合适的生存态度，因为命运总是阻碍着那些不敢面对它的人，却引导着那些主动与它协调的人。人若想达到最完美的生存状态，就应该遵循最完美的生存方式。最为关键的是，面对生命活动中可能出现的任何事情，都能够选择合适的态度，这对人的生存状况与生存风格具有决定性意义。这种态度，实际上就是指人能够彻底地从艰难险境中解脱出来。

斯多葛学派强调心灵修炼对于实现审美生存的重要性。如马可·奥勒留强调最值得赞美与推崇的是生命的自然本质，因此人应该专注于对审美生存的培育、修炼与提升，审美生存的实现需要长期的心灵训练与思想修炼。只有人的心灵，能够为人提供最安全、最自然的栖息地；只有对心灵进行培育，才能够为其提供思想自由的条件。心灵是善的源泉，为了培育人的灵性，必须不断向内心深处探索，使善源源不断地呈现出来。审美生存只能来自人与自然本性的友好相处，来自内在善的自然涌现。这就要求人能够真正静下来，借助严格的训练使心灵与自然趋同，这也是人之为人的责任所在。

二　中世纪的审美生存思想

第一，中世纪的审美生存思想以基督教审美生存思想为核心。中世纪的审美生存思想主要表现为基督教的审美生存思想。基督教的审美生存是为了抵制肉欲、快感对信仰者的诱惑，引导他们坚守禁欲主义的生活方式，鼓励他们对曾经屈服于诱惑的软弱进行深刻的、反复的忏悔。虽然戒律与禁忌都很严格，但是也难以完全抵抗肉欲、快感的诱惑，因此在实际生活中，基督教并不是不允许信仰者犯罪，而是要求他们必须对自身的错误进行忏悔，强调深刻的忏悔能够解救自身。

基督教审美生存思想强调应时刻保持警醒，防范外界各种有可能影响心灵纯粹的形象，经常性地进行自我检查，探讨哪些形象以及如何侵蚀了自己对信仰的坚定信念，怎样通过不断的分析与反省去除心灵的邪念与贪恋。"心灵的伟大就在于对尘世事物的鄙视。谨慎就是避开尘世事物引导心灵向上的念头。心灵一旦经过净化，就变成一种理式或一种理性，就变成无形体的、纯然理智的，完全隶属于神，神才是美的来源，凡是和美同类的事物也都是从神那里来的。所以化为理性的心灵就更加美。"①

---

① 北京大学哲学系美学教研室编《西方美学家论美和美感》，商务印书馆，1980，第57页。

第二，基督教审美生存思想强调自我审查、反省、忏悔的重要性。基督教审美生存思想强调，自我检查以及反省、忏悔是对他者进行管理的前提和基础。只有管好自己的思想、控制自己的欲念、反省自己的变化，并对自己曾经犯下的各种罪过进行深刻的忏悔，把握自己在犯错时的思想动态，才有可能实现对他者的引导与管理。只有恰当地进行自我统治的人，才能够统治他人。这就要求人们必须通过真理管理自身，提升自己对信仰真理的认证境界，带头遵循神的启示以及自然的真理，遵从世俗政府所制定的各种法律法规，遵守社会生活中的道德习惯，按照神的旨意与自身的职责生活，时常检查自己的思想，督促自己对各种错误、罪行进行反省、忏悔，向上帝坦陈自己的真实想法、本然欲望以及心灵中存在的种种污秽思想，让自己从罪恶的世俗世界与污秽的心灵欲望中解脱出来，向着纯洁的生活方式以及高尚的心灵精神趋近。

基督教的审美生存思想对思想的自我检查以及反省忏悔做了具体规定。为了保证教士的日常生活与思想活动能够受到严格的控制和训练，基督教对其思想行为做了细致的、程序化的、严密的规定，形成了一整套仪式和技术，以保证其生活的方方面面都能贯彻严格的纪律与惩戒制度。这有利于使其排除世俗的各种杂念、邪欲，保持其对上帝与教会的忠诚，将其培养为合格的传教士，引导教会发展的正确方向。

第三，基督教审美生存思想强调对自身感受的真实呈现。基督教审美生存思想强调对内在感受的坦然陈述，对于建构现代审美生存思想具有重要的启发意义。如果一个个体能够坦然地阐述自己内心真实的想法，实际上就意味着这个个体能够摆脱恐惧与习俗的约束，成为精神上自由的人。是否应该说，应该如何说，是人生存中面临的困境，也是人难以提升审美生存境界的一大障碍。实现审美生存的人，能够掌握适度原则，具备客观阐述的技艺，因而不会陷入说不说、如何说的困境之中，也容易显现出本真的存在。基督教审美生存中所强调的开诚布公的坦然以及精进不息的苦修是人认识本真纯在的客观条件，也是实现审美生存的重要条件。这一思想是对古希腊审美生存思想的继承和发展，也为基督教培养了众多审美生存思想的践行者。

第四，基督教审美生存思想强调借由改造心灵、忏悔罪过实现救赎。基督教强调审美生存思想应着重于对心灵的彻底改造以及对自身罪过的反省忏悔，这也是传统审美生存思想的重要转折。审美生存是在一整套基督教制度以及基督教教义的严格约束中实现的，并在这个过程中实现了对自身思想和精神的彻底改造。古希腊传统的审美生存思想强调人的转变需要长期积极主动的精神修炼，个体需要时时刻刻为这个转变做好精神上的准备。基督教审美生存思想则强调转变是人生历程的突变，通过制造外在的强制性压力，迫使个体进行断裂性、悲壮性的转变，是完全超越了原先世俗生活与现实世界的转变，是从黑暗到光明、从死亡到复活、从必死到永生、从人间到天堂的转变。

基督教审美生存思想强调对自身的思想检查以及对罪过的反省忏悔，是关怀自身的重要实践与技术，不过其具体表现在基督教比较严格的教义以及教规之中。圣·奥古斯丁认为美在上帝，虽然现实事物也有自己的美，但这只是低级的美，"这些东西的确有其美丽动人之处，虽则与天上的美好一比较，就显得微不足道。如果贪恋于此，忘记了来自上帝的真美，就是犯罪"①。圣·托马斯·阿奎那认为美具有完整、和谐、鲜明等客观属性，但这些属性归根结底来自神："比例组成美的或好看的事物……因为神是一切事物的协调和鲜明的原因。"②

三 近现代的审美生存思想

第一，近代以蒙田、帕斯卡尔为代表的人文批判主义的审美生存思想。蒙田的审美生存思想主要表现在两个方面：一是他的怀疑精神对生存探索的鼓励，强调没有绝对完美的生存方式可供人们选择，具体生活中还需要每个个体能够按照生活世界的状况以及自己的具体情况选择最为适宜的生存方式；二是强调修炼自身精神的重要性，并且通过对古代

---

① 北京大学哲学系美学教研室编《西方美学家论美和美感》，商务印书馆，1980，第64页。
② 北京大学哲学系美学教研室编《西方美学家论美和美感》，商务印书馆，1980，第66页。

经典文本如柏拉图、塞内加、普鲁塔克等人作品的研读，获得精神修炼、灵性培育的知识与体验，并且对心灵状态的变化做了较为细致的描述。

帕斯卡尔认为情感与爱是人安身立命之所。随着科学的发展，他已经非常敏锐地察觉到了人的虚无性、无根性，以及作为有限的存在者如何安身立命的问题。他认为，心灵的逻辑相对于计算理性的逻辑，对于人类的幸福更为关键；理性不能使人类生存在万能的境域中，而使其成为毫无边际的宇宙中的迷失者。他强调，面对宇宙空间的无限空寂，只有神圣之爱才能够为人类提供安身立命之所。

第二，卢梭对科学技术之于审美生存影响的反思与批判。法国哲学家卢梭对工业文明带来的影响进行了辩证思考。

首先，他认为近代文明会危害人类的生存状态。他把科学技术视为道德败坏的根源，要求人们回到纯朴天真的自然状态。他对科学技术的反思集中体现在《论科学与艺术的复兴是否有助于使风俗日趋纯朴》一书中，认为随着科学技术的发展，人类会与自身的原始状态背道而驰，不仅造成人的道德退化，也造成人的体能退化，人对科学技术的依赖性越来越强，从而无法回归原始状态。他主张恢复原始质朴的生活。

其次，他在教育学名著《爱弥儿》中提出了拯救人的自然情感的观点。"一切真正的美的典型是存在在大自然中的。……世人所谓的美，不仅不酷似自然，而且硬要做得同自然相反。这就是为什么奢侈和不良风尚总是分不开的原因。"[①] 他认为，人的本性是人的情感，人的价值是人的道德本性，而不是具体的知识。理性思维不能够处理诸如同情心、友爱的情感、崇敬的心情这些属于情感方面的问题。提升人的境界的不是人的理性，而是人的情操。幸福社会的根基，是保持人的自然本性，改善人的灵性生活。

第三，叔本华唯意志主义对审美生存思想的影响。唯意志主义学派强调世界的本源是人的欲望而非人的理性，因此欲望应该成为审美生存的主题。

---

① 〔法〕卢梭：《爱弥儿》，李平沤译，商务印书馆，1991，第502页。

　　叔本华强调在审美主体中起决定作用的是非理性的意志主体，通过纯粹的审美直观，可以解放与发展人自身。叔本华认为，审美对象意义的产生，建立在审美主体对其进行的否定性直观中。叔本华强调，瓦解传统理性美学的形而上学根基，把意志主体从理性主义的压抑中解放出来，对非理性的表现进行纯粹的审美直观，才能够释放人自身的巨大潜能。

　　叔本华认为人是欲望的存在，对欲望永无休止地追逐导致人陷入了欲望的苦海。叔本华认为，意志毫不餍足的贪婪本性生发出的感情以痛苦为主。这种意志带来的痛苦主要体现为，个体的生存要承受欲望如影随形、绵延不绝的桎梏，动物的欲望是可以得到满足的，人类的欲望却随着想象力的飞扬与虚荣心的膨胀永远无法得到满足，这就注定人的一生势必将在欲望的不断满足中痛苦地度过。由于人的欲望难以彻底满足，对欲望无休止的追逐将带给人类无穷无尽的痛苦，应否弃人追逐欲望的现实生存状态。

　　叔本华的审美生存思想为审美生存提供了解脱的途径，诸如自杀以摆脱意志对精神的困扰，苦修以摆脱意志对精神的诱惑，以及通过参加审美活动以摆脱意志的控制。在审美观照中，主体可以暂时摆脱意志及其所化生的各种欲求的困扰，成为静观的、无欲无求的、纯粹客观的存在，进而从肉体以及肉体欲求的束缚中解放出来。叔本华所强调的审美生存境域的建构，是在现实生存世界之外建构的想象空间，其结果会使人产生对真实生存的无力感以及对感性生存的否弃意识。

　　第四，尼采以酒神精神为代表的审美生存思想。尼采酒神精神的审美生存影响更为深远，其从宗教那里把艺术与审美解放出来，拯救并放大了人的感性欲望，用意志主体取代了理性主体，从而摧毁了传统的审美形而上学体系。尼采的审美生存思想强调，探讨审美生存的起点应该是人的身体，肉体才是研究人生存的准绳，肉体要比灵魂更加神秘莫测，也更应该引起人的关注。人的肉体存在，能够将人的整个生存历程囊括其中，激活所有与生存有关的存在，"最遥远与最切近的过去"① 都将变

——————————
① 〔德〕尼采：《尼采遗稿选》，虞龙发译，上海译文出版社，2005，第112页。

成新鲜的、流畅的存在融贯于人的存在之中，因此肉体更值得人类探寻。

尼采的审美生存思想强调，审美生存应寄身于人的肉体存在之中。只注重人的感情与思想的培育是难以产生效果的，这是德国传统教育失败的原因所在。真正的教育应该从人类的身体出发重构人类文化，肉身是人类文化的根基所在，其他的一切都是肉身的衍生物①。尼采强调，思想与感性都源于人的身体，身体才是审美体验生成的基础，肉体是感情与思想的主宰者②。尼采的思想中蕴藏了丰富的现代审美生存思想，对其后的思想家思考审美生存产生了巨大的影响。

尼采的审美生存思想强调，正视生存本身，是实现本真生存、获得生存乐趣的通途。生存的永恒乐趣是存在的，也是可以获得的，但是人类不能从生存的现象中去寻找这种乐趣，只能到现象背后的本源中寻找这种永恒的乐趣。因为凡是属于派生的事物，随时都面临着解体的风险。对于人来说，虽然形而上的抚慰可以使人摆脱现实的困扰，但只有正视个体存在的真相，才能够在当下存在的瞬间回归本原的生命，体验生命本然存在的快乐。虽然生命之毁灭不可改变，虽然痛苦之刃会将人深深刺伤，但是当人的存在与本然的生存乐趣融为一体时，人类仍能够体验到常驻不衰的生命激情③。

四　后现代的审美生存思想

后现代思想流派众多，由于篇幅的限制，此处仅选择与审美生存最为密切的四种思想进行简要阐述。

第一，梅洛－庞蒂的审美生存思想。梅洛－庞蒂的审美思想侧重于生活世界中身体与主体心灵的互动，认为主体是产生与建构意义的根基。他强调，世界上的存在物，既不是存在物本身决定的，也不是人的主体

---

① 〔德〕尼采：《偶像的黄昏》，卫茂平译，华东师范大学出版社，2007，第175页。
② 〔德〕尼采：《查拉图斯特拉如是说》，黄明嘉译，漓江出版社，2007，第25页。
③ 〔德〕尼采：《悲剧的诞生》，周国平译，华龄出版社，2001，第93页。

意识建构的，而是由寄居于世界上的身体与心灵之间的交互作用及其关系所建构的。人的行为，受人对刺激的反应的影响，也受人先天的价值观念的影响。无论是人对刺激的反应，还是人先天固有的价值，都是由主体自身产生并建构的。

梅洛－庞蒂的审美生存思想强调，人的身体天生就是具有艺术生命的得天独厚的艺术品，需要借助于艺术创造与审美实践来奠定人审美生存的基础。人类的身体可以直接感知自身的存在，并且能够在生存世界中选择适合自己的生存方式与生存状态，从而创造出人类特有的审美生存方式。

梅洛－庞蒂的审美生存思想强调身体是人类生存意义的聚焦点，也是审美生存的关键点。人类的身体能够主动感知自身以及外物的存在，审美生存是人类在实际生存中达成的主体意义上平衡的整体。当新的意义开始出现，自身的运动就会融入新的运动之中，原始的感觉材料中就会涌入新的感觉实体，我们自身也会与更富有意义的存在联系在一起，从而不断重建意义的平衡机制并使人的期望得以实现。因此，梅洛－庞蒂强调人类的身体具有审美生存的能力，并且能够在实际生活中形成更加丰富的美感。

第二，阿多诺的审美生存思想。阿多诺的审美生存思想强调审美生存的实现建立在超越系统化、逻辑化认识的基础之上。阿多诺指出，人追求自由的本质表现就是能够摆脱逻辑的约束，以及摆脱严密的形式化逻辑所呈现出来的思想观念的影响。那些通过自由表达所呈现出来的破碎的自由观念，远远要比那些系统的思想更加真实、更加宝贵。所以，要以反系统化的方式展现审美生存的思想与感情，这种破碎的方式能够摆脱理论系统化框架的束缚，符合审美生存表达的散状结构要求。

阿多诺强调，审美生存是人类重获希望的重要途径。他认为，人类在哲学理论领域已经遭遇了致命打击，只有在审美生存中创造艺术化的生存方式时，才能够看到人类重获希望的可能。人类文化重获希望的历史可能，就存在于当代艺术以及当代美学的否定与创新之中。阿多诺强调审美生存的本质是对自由的渴望，此种希望只能在艺术创造中得以实现，审美生存实践就是在现实生活中创造艺术的过程以及使人生艺术化的过程。

阿多诺强调，审美生存表现为对生存境界永无止境地超越与否定的过程。人类要想实现生存状态的超越以及主体的自由，必须投身于艺术化的生活以及创造艺术的过程之中。审美生存强调的艺术并不是保护虚假幻想的艺术，而是能主动进行自我否定的艺术，是自觉地揭发整体性要求虚幻性的艺术。这种艺术因为直面现实而与现实联系得更加紧密，并因此推动人进入审美生存之中。

阿多诺强调，审美生存中的否定性因素，既体现了人审美生存的悲剧性，也体现了人审美生存的超越性。在阿多诺看来，无论是人类创造的艺术，还是人类生存艺术化的过程，都要借助于自我否定的超越性。自我否定的过程实际上是对旧我的摧毁、对原我的掏空、对自我的更新，是需要历经痛苦的磨砺、炼狱的考验才成为可能的。同时，这种自我否定与自我超越的过程是永无止境的，但人的伟大之处就在于，明明知道自我否定与自我超越永无休止，仍然不放弃追求幻想中完美的驱动，人的审美生存的宏大格局也由此得以形成。正是因为人类坚持在自我否定的道路上不断冒险前行，人的自由本质才在自我否定的过程中得到淋漓尽致的体现。

阿多诺强调审美生存的自由本质是借助彻底的否定实现的。自由的最高表现就是人能够过上符合自己本性的生活，在艺术创造以及现实生活中创造美并按照美去生活。但是自由真正的实现建立在否定性的批判的基础之上，这就无法满足自由所追求的那种无限性与绝对性的要求，从而使对自由的追求具有虚幻性，否定的彻底性则成为人追求自由的必要代价。不过这种代价正如尼采阐述的那样，并不是虚无主义的体现，而恰恰是创造希望的表现。在这个意义上，阿多诺强调的审美生存具有自我否定的力量。

第三，海德格尔的审美生存思想。海德格尔的审美生存思想非常丰富，尤为关注人的生存与存在之真理的关系，强调只有通过生命的艺术化，以及对当下此在的审美化，才有可能抵达人类存在的真理。海德格尔强调，自由和超越是真理的本质，只有那些把自由视为人生追求的人才能够在存在中不断超越，从而达到本真的存在状态。海德格尔认为，人的本真生存的最高尺度就是人当下此在的审美存在，传统形而上学放弃了人对本真存在的探寻，只有从当下此在的审美出发，才能实现人的本真存在。

海德格尔的审美生存思想强调诗意生活是实现审美生存的途径，也是澄明人此在的要求。海德格尔认为人的存在与众不同，其自始至终都自己选择和决定自身的未来趋向、命运道路以及生存状态，因此在人的此在中，自由的可能性是极其充分的。当下此在的生活中，人能够选择是否按照最高的境界存在。当人选择了诗意栖息的方式，将当下此身的存在与当下生存世界中在场的存在与不在场的存在融合为整体时，就实现了从有限到无限的超越，也极大地拓宽了人的生存境域，同时可以体验审美生存所提供的无限精彩的生存空间。

海德格尔审美生存思想强调语言对实现审美生存的重要性。尤其是在后期的思想中，海德格尔强调此在的审美生存境界只有经由诗性语言的前导才有可能变成现实，揭示此在与此在所寄居世界之间相互澄明的关系。

海德格尔认为人的审美生存的首要特征在于人是以此在的方式生存于世界之中而显现自身存在的。人的存在可以从自身的自由意愿出发，选择适合自己的存在方式，追求自己最渴求的存在状态，而不是完全受外在生存条件的限制和约束。人的此在聚焦于对审美生存超越目标的实现上，并不是没有任何选择性的随便活着。人的审美生存体现了人超越当下存在、追求自我实现的欲望，这也是人诗意栖息的最高理想。

语言是审美生存得以实现的重要支撑。语言本身直接关系到领悟、现身以及言说三大存在形态，只有借助于诗意的言说，人才可以回归本真的存在。人只能寓居在语言之中，诗者与思者是存在之家的守门人。语言是对存在的解蔽，也是对存在的遮蔽。语言是人的此在存在于世界上的基础，也是存在的可能境域。语言既为存在本身提供了生存境域，也为存在的提升与堕落提供了复杂的可能空间。其中，人的存在可以借助于语言来潜藏、隐蔽和显现，也会通过语言历经存在的遮蔽、沉沦乃至敞开、澄明。在此过程中，人的生存借助于语言展现了创造力和想象力的自我超越。凡是人类生存所能够涉及的领域，语言都是开辟生存空间的"先头兵"，是人获得审美生存的创造活力的源泉。

借助于语言唤醒存在的能力，语言与言说者之间的相互唤醒为人的审美存在中的自由超越提供了最为可靠的介质和基础，从而为审美生存提供了更为宏大的生存视域，为人的存在创造了更大的空间。如果人的当下存在都能够运用诗性的语言言说自身的存在，那么人达到审美生存境界的机会就会大大增加。

海德格尔认为美的本质就在于生生不息的存在。他认为古希腊的艺术品是人世间完美的典范，古希腊的神殿是最神奇的艺术创造。雅典神殿的最大价值并不在于其建筑技艺的超群绝伦，而在于这些建筑所形成的那种神圣庄严的气氛，能够把人从庸常的生活世界带入神圣庄严的超然境域中，从而使人的存在与神的存在交互影响，使人的存在得到澄明。

海德格尔所追求的审美生存理想是不断超越的生存形态。海德格尔极力主张建构能够引导人进入生存真理之中的审美生存方式，但不是一般的审美生存，而是永远超越当下大众流行的审美生存。海德格尔强调审美超越是人存在于世的理想生存模式。人只有借助于审美生存不断超越的方式，才能够避免庸常生活中堕落的危险，依托于创造性的生存方式拓展人的生存空间，在当下此在中发掘人生与历史的真理。

正是因为诗的语言是对语言本身的保持与创新，才能够做到比较纯粹地探讨语言本身的意义。人的此在的具体展示，也应将达成诗的言说作为人存在的目标。诗意言说的根本目的，就是能够使人在语言中得以持存。存在并不像客观的物那样，可以被动地设计出来。存在的展现，只有通过存在自身自由创造的方式，借助于诗意言说的自由创造精神，作为在此世生存中的礼物馈赠给人类。借助于诗意言说，打通了人的生存言说与存在自身的言说。

海德格尔强调，诗意言说是历史的根本动因，也是人的存在中最为本质的要素。人若想诗意地栖息在大地上，就必须懂得人生最为珍贵的礼物是诗意言说。人正是借助于诗意言说，才实现了人与自然、人与上帝、人与历史的对话，并得以达至审美境界。

第四，身体审美生存思想。身体美学的概念明确提出的时间比较晚，直到1996年才由美国哲学家理查德·舒斯特曼提出来。在《身体美学：一个学科提议》这篇文章中，舒斯特曼把"身体美学"暂时界定为："对一个人的身体——作为感觉审美欣赏（aisthesis）及创造性的自我塑造场所——经验和作用的批判的、改善的研究。因此，也致力于构成身体关怀或对身体的改善的知识、谈论、实践以及身体上的训练。"① 舒斯特曼强调身体美学侧重于实践品性的审美生存实践，强调人要切实进入对身体的关怀之中，借助于禅定、瑜伽等种种具体的身体生存实践，使人们把对身体的注意力从身体外观的欣赏转移到对身体意识的塑造上。舒斯特曼对身体美学建构的理论渊源进行了划分，把身体美学分为"分析身体美学"以及"实用主义身体美学"两种类型。前者是指以阐述身体实践和身体感知的基本性质以及身体对主体现实的知识与结构形成中的作用为主要内容，既包含了关于身体问题的标准的认识论问题和本体论问题，也包含了福柯从社会政治学维度对身体存在状态的探索。② 后者主要是指关于改善身体的方法及其比较分析研究。③

身体美学建立在批判和超越传统的理性主义美学的基础之上。西方理性主义美学传统源远流长，从苏格拉底开始一直到近现代哲学以笛卡尔、康德、黑格尔为代表的理性主义美学传统，强调肉与灵的二元对立，导致了人的身心割裂，把身体视为必须压制、克服与超越的低级感性存在，认为肉体、感性、身体感知必须服从于心灵、理性、绝对理念。因此，舒斯特曼批判近代美学学科概念的提出者鲍姆嘉通时指出，鲍姆嘉通将美学界定为感性认识的科学，美学的目的是推动感性认识的完善，但是对于感性认识源于人的身体并且直接受到身体状态、身体条件影响

① 〔美〕舒斯特曼：《实用主义美学——生活之美，艺术之思》，彭锋译，商务印书馆，2002，第354页。

② 〔美〕舒斯特曼：《生活即审美》，彭锋等译，北京大学出版社，2007，第190页。

③ 〔美〕舒斯特曼：《生活即审美》，彭锋等译，北京大学出版社，2007，第190页。

的事实却置之不顾，无视身体的欲望、身体的行为、身体的感受对于感性认识的决定性作用，将对身体的研究以及对身体的完善等相关内容排除在其设定的众多研究内容之外，没有涉及任何关于人相学与生理学的东西，即使在关于审美经验的探讨中，也没有对身体练习的内容进行关注，实际上却把强身健体的活动视为凶猛的运动，将之等同于如淫荡、纵欲等臆想的肉体邪恶。近代美学之父受到理性主义美学传统的影响，对身体美学持轻视、忽略乃至敌视的态度，将人的存在硬生生地撕裂为上半身的存在与下半身的存在，因此其美学研究仅仅是关于人的上半身美学的研究，是不完整的美学研究。①

尼采及其学派对身体美学的倡导是身体美学转向的重要动力。受尼采强力意志的影响，尼采之后的美学思维模式一直保持开放的状态，如德勒兹的欲望探索、福柯的权力思考，都是从尼采的强力意志概念发展而来的。德勒兹提出的"没有器官的身体"、福柯强调的"被动的身体"，是尼采身体美学思想的两个发展方向。尼采所建构的以身体为准绳对一切存在价值进行重构的道德谱系学，被后来的福柯、德里达、德勒兹、大卫·霍伊、朱迪思·巴特勒等人继承与创新，并逐渐形成了系谱学体系，成为近现代哲学家重估美学、哲学、伦理学、社会学、政治学、历史学、解释学等学科的理论武器。借助于古希腊人必须创造新生活的启示，尼采射出了追求生活艺术论的思索之箭；福柯接到尼采的箭头，又将之射向借助于个体身体打破美学与伦理、艺术与生活之界限的自我生存实践艺术，也就是所谓的生存论美学；德勒兹接过尼采的箭，将之射向了不同的方向，其所提出的游牧主义与战争机器、块茎理论等生成论美学概念至今对西方审美思想有着巨大的影响②，不过人们更多地将之视为政治哲学而非生活实践美学。不过福柯在德勒兹的《反俄狄浦斯》序言中将其主要内容概括为生活的艺术与生活的规则，在一定程度上体现出德勒兹对身体存在状态的深入思考。认识尼采学派的身体美学对美学建构的

---

① 〔美〕舒斯特曼：《生活即审美》，彭锋等译，北京大学出版社，2007，第352页。
② 〔美〕门罗·C. 比厄斯利：《西方美学简史》，高建平译，北京大学出版社，2006，第405页。

意义是非常重要的。

王国维先生早就认识到尼采身体美学的重要性及其价值。他在《尼采氏之教育观》中指出，尼采之所以重视体育，是因为他认为身体是人类文化之所寄托，这从个体的意义或者集体的意义上来说都是正确的，因为只有当人重视自己身体的价值时，才有可能逐渐实现对人的天性的开发，所以生理与卫生应该比教育更加重要。① 王国维认同尼采将身体视为"文化所托之所"，赞同尼采"人必神圣视其身"的观点。以肉体为准绳取代了以理性为准绳的传统，强调肉体蕴含着更加丰富、更加深刻的内涵。"要以肉体为准绳。假如'灵魂'是一种神秘的和吸引人的思想，哲学家们当然有理由同这种思想难解难分。现在，他们学着把它换一换位置，这也许更加有吸引力了，更加神秘莫测。这就是人的肉体，一切有机生成的最遥远和最近的过去将会重新活跃起来，变得有血有肉，仿佛一条无边无际、悄然无声的水流，流遍全身，再流出来。肉体是比陈旧的'灵魂'更令人惊异的思想。"②

尼采是在对传统的审美思想的批判中最终确立了审美生存教育最高原则的，这也是舒斯特曼建构与践行身体审美思想的根源所在。尼采强调身体的重要性和他批判康德、叔本华等人鼓吹为艺术而艺术的最高原则紧密相关。在评判过程中，尼采强调肉体的活力四射是实现审美生存的基本要求，肉体的敏感性是审美生存的前提条件，强调审美生存的渊源是诗歌、音乐、舞蹈的三位一体、灵魂与肉体的二元和谐，明确地提出了肉身才是审美生存的正确位置。

舒斯特曼通过改善主义的思想强化了审美生存中的身体维度，认为审美经验品质的提升在于通过对身体的训练增强身体的敏感性。身体美学关注的不仅是身体的表现或者外在的形态，还包括身体活生生的经验，以及对身体状态和身体感受意识的改善。③ 他延续了尼采的观点，明确指出身体美学能够提供的通途是鉴于感觉源于身体且以身体为基础，经由

① 姚淦铭、王燕编《王国维文集》第3卷，中国文史出版社，1997，第370页。
② 〔德〕尼采：《尼采遗稿选》，虞龙发译，上海译文出版社，2005，第112页。
③ 〔美〕舒斯特曼：《生活即审美》，彭锋等译，北京大学出版社，2007，第186页。

引导某个个体的身体去完善其感觉功能的实际运行。① 同时指出，思想的纯粹快乐也是有其肉身基础的：思想不仅依赖于肉身的健康，也依赖于肉身的运动，强化身体修炼，增进身体意识，可以使思想产生更深刻的体验，并增强思维的功能。②

五 西方文化审美教化思想

西方文化中的审美生存教化与实践内容非常丰富，我国现代的审美生存思想受西方审美生存教化思想的影响比较明显。西方文化中的审美教化思想对当前的审美生存教化具有重要意义，下面就结合西方文化中的审美生存思想，简要阐述其审美教化的实践内容。

第一，强调认识认知与灵性修养必须同时进行。西方文化的审美教化原则强调知识认知与灵性修养要同时进行，只有加强自身的教育，才能够提升自身的教育水平，从而让自己经由教育对当下的存在有更加深刻的认识，也能够借此对自身精神和心灵方面的需要与欠缺有较为清晰的认识，从而实现心灵的净化与精神的完善。首先，是对自我教育程度以及教育内容的关注，以便了解自身的优势与劣势、意欲与可能，从而确定以后受教育的方向以及领域。其次，关怀自身也意味着对教育事业的关注，把教育作为协调他者与自身关系的重要凭借。最后，关怀自身意味着自我认识的深化。只有充分认识自己，才有可能做到对自身的关怀。因此，把认识的注意力引向自身，是关怀自身的具体表现，也是关怀自身的重要内容。

提高人的审美生存能力，需要从认知与实践两个方面入手。一方面，关怀自身意味着必须了解自身，必须具备了解自身的能力，把握自我认识的程度，检验自身认识的准确性，这是关怀自身得以实现的基础性条件。另一方面，关怀自身意味着必须掌握关怀自身的技巧与技艺，这是

---

① 〔美〕舒斯特曼：《生活即审美》，彭锋等译，北京大学出版社，2007，第186页。
② 〔美〕舒斯特曼：《生活即审美》，彭锋等译，北京大学出版社，2007，第188页。

关怀自身的审美生存实践的重要组成部分。关怀自身的审美生存实践包含着很多只有在实践中才有可能体会和把握的内容，因此比掌握理论知识更加复杂、更加艰难。对于生活技艺来说，个体只有通过实际生活的考验，才能够真正提升关怀自身的能力。因此，审美教化对象要对自己的方方面面进行细致的观察，深刻了解自己的知识与经验，准确地评估自己的实力，选择最适合自己努力的方向。

第二，强调超然自在的生存境界需要认真筹划。清心寡欲有利于引导人达到超然自在的境界，提升人的现实生活与精神生活境界的是一种具有崇高情操的审美生存方式。切身践行清心寡欲的生存方式，在现实生活中采取节制的原则，保持恬静自得的情绪状态，时常向自己的跟随者展现博大的胸怀以及理性的智慧，热衷于与友人展开深邃的精神交流。人自身获得愉悦快感的过程，实际上也是人类发挥聪明才智的过程。人类应该想方设法地使自己的生存状态艺术化，不断提升自己的理性智慧与实践智慧，学会恰当地解决现实生活中遇到的各种问题，巧妙地处理自己与他人之间的关系，懂得如何选择那些在志向与情感上与自己相似的人，善于和他人共享自身的愉悦快感，建立人与人之间的和谐关系，最终达到审美生存的理想生活状态。

准备原则对于当下的审美生存建构具有重要的启发意义。为了能够实现审美生存，应该让自己的心灵做好必要和充分的准备，以应对生活中可能发生的一切问题。这就要求我们不断在思想与精神层面来充实、提高自身，掌握审美生存所需要的各种知识、技艺与策略，提高感知生存状态的能力，增强机会意识与观察周围生存环境的眼力，对可能发生的各种事情有充分的估量，让自己有足够的信心与能力来面对生活中可能发生的一切。

第三，强调个体生存境域以及诗意语言在审美生存教化中的重要作用。西方审美文化强调审美生存只能由存在者依据其在具体生活中的现实情况对自身生存做出的选择与行为来界定。当人的此在被抛入现存世界中时，存在者会被永无休止地扰乱。存在者应该想方设法地满足澄明世界所需要的各种条件，而不是被现实生存世界的种种规定和约束所限制，要积极主动地选择自身生存于世界之中的存在形态，在当下的此在中切身领会并诠释人的生存世界，从而让人从可能的潜在存在转变为当下的此在，实现人诗意栖息的生存理想。

西方审美教化思想认为，语言对于审美生存尤其是审美生存的超越性自由而言，具有重要意义。语言具有对万事万物进行命名、描述和指代的能力，还具有不间断地、永无止境地唤醒非存在的能力。语言本身绝非主体通过任意的拼凑来唤醒事物，而是借助于语言内在的创造精神，主动唤醒一切有可能被唤醒的事物，既包含唤醒的对象，也包含唤醒的主体，更重要的是，语言可以召唤一切不在场的万事万物。

当人言说的时候，实际上表达的仅仅是语言所能够指代的很小的一部分，也是语言中非根本的部分。但是当人开始言说时，语言能够自觉地进入自身的存在世界中，摆脱了言说主体的限制，在与世界万物的遭遇中自动涌现，显现并深化语言与世界存在之间的相互关系。语言依赖于自身的逻辑结构以及象征功能使自身从被言说的工具转变为言说的主体，言说语言之所言说，指代语言之所指代。实际上，不断言说的，不是人自身，而是语言本身。在此意义上，语言是言说的本体论基础，言说是语言的存在状态。语言借助于自身言说的延续唤醒人的存在，正如运思者借助于自身言说的拓展使语言焕发生机。强化审美教化中的语言运用，是唤醒人的本真存在、回归人的本然状态的重要条件。

第三章　马克思的审美生存思想

　　审美生存思想贯穿在马克思主义的思想发展始终。马克思主义的哲学思想、社会学思想、经济学思想、美学思想，都蕴含着审美生存的主题。虽然马克思没有就审美生存的概念进行过深入探讨，但是其著作中的审美生存思想是很丰富的。

　　当前国内对马克思思想的研究主要从生存论的维度进行阐释，不过多停留在哲学层面，很少系统地阐述马克思主义的审美生存思想。马克思主义的审美生存思想强调其根基是生存论的，其本质是实现人的自由。马克思主义认为审美生存是从人的存在出发，需要在历史中不断生成并在现实中按照美的规则展开的实践活动。

一　马克思审美生存思想的根基

　　第一，马克思审美生存思想的生存思想维度。生存论的构建是审美思想发展的基础。在马克思的哲学中，占有本体论地位的是生存论思想。近年来，从生存论维度研究马克思思想已经成为学界的重要倾向。

　　在马克思那里，生存主要是指人感性的、现实的、真实的实践活动。马克思之前的唯物主义的主要缺陷是，对于感性、事物、现实只以直观的形式或者从客体的角度去思考，没有把它们视为人类的感性活动或没有从实践的维度、主观的维度去理解，因而不知道感性的、真正现实的活动本身。"从前的一切唯物主义——包括费尔巴哈的唯物主义——的主要缺点是：对对象、现实、感性，只是从客体的或者直观的形式去理解，而不是把它们当作人的感性活动,当作实践去理解,不是从主体方面去理解。因此,结果竟是这样,和唯物主义相反,唯心主义却把能动的方面发展了,但只是抽象地发展了,因为唯心主义当然是不知道现实的、感性的活动本身的。"①

需要强调的是,马克思所说的实践并不是传统认识论中更加重视人征服自然的实践,而主要是指人自动自觉进行的全面的生存实践活动。具体来说,马克思的实践就是人的生存实践,就是理性认识、道德精神和生存审美的三位一体。因此,从这个角度来说,可用生存实践论来代替生存本体论。

生存是以人现实的、感性的实践活动为基础的。生存本身不是他律性的活动,只有从人的感性生存活动出发,才能够揭示生存的真正含义。马克思反复说明,实践不是人们通过对主观建构起来的人的形象的思考得到的,而是参与实践活动的人在现实生活中通过思考和挖掘得到的。"也不是从口头说的、思考出来的、设想出来的、想象出来的人出发,去理解有血有肉的人。我们的出发点是从事实际活动的人,而且从他们的现实生活过程中还可以描绘出这一生活过程在意识形态上的反射和反响的发展。"② 在马克思看来,从事实践活动的人,既不是在自己之外的实体,也不是抽象的思考,实际上是人自身。"人不是抽象的蛰居于世界之外的存在物。人就是人的世界。"③

生存的价值是通过人的生存实践活动呈现出来的,是人自身创造了自身的生存状态。每个个体是在生存的过程中创造了自己现在的生存状态的,他们的本质形成于表现自己生存的过程之中。"个人怎样表现自己的生命,他们自己就是怎样。"④ 张曙光教授认为,人只能以存在者的特性来规定自身,人的本体论基础是生存本身,人是依靠生存来界定自身

---

① 《马克思恩格斯选集》第1卷,人民出版社,2012,第137页。
② 《马克思恩格斯选集》第1卷,人民出版社,2012,第152页。
③ 《马克思恩格斯文集》第1卷,人民出版社,2009,第3页。
④ 《马克思恩格斯选集》第1卷,人民出版社,2012,第147页。

的。^①其他所有对人的生存价值的外在规定，实际上都是对生存本身的遮蔽。只有回到人的生存本身，才能够找到人自由解放的通途。

第二，马克思审美生存思想最基本的内涵是自由。在马克思看来，自由是人的生存的本质性规定。恩格斯曾经在《反杜林论》中强调，自由并不是人幻想自身可以不受客观规律的束缚，而是在正确认识了客观规律之后，遵循客观规律为人自身的实践活动服务，因此，自由就是通过对客观规律的认识来引导我们的实践活动。"自由不在于幻想中摆脱自然规律而独立，而在于认识这些规律，从而能够有计划地使自然规律为一定的目的服务。……因此，自由就在于根据对自然界的必然性的认识来支配我们自己和外部自然。"^②但是这种自由观实际上是西方知识论自由观的延续，客观世界乃至人自身都是可以独立于人之外的、纯粹的认识对象，并且以为只要能够越来越深入地认识世界，就可以在实践活动中进行越来越自由的判断与决策。复旦大学哲学系俞吾金教授曾经指出，知识论的自由观只是在表示作为认识的对象，即客观世界、客观规律与认识的主体之间的关系，其主要关注的是借助于科学技术对自然世界的改造活动。如果把自由局限在认识论意义上，并把这种自由的含义推广到其他领域，那么就有可能引起混乱。

生存论维度的自由观是马克思自由思想的重要组成部分。生存论维度的自由观强调其存在的基础是人整体的实践活动领域，重视世界与人最为本真的关系，这与单纯从认识论角度探索自由观的内涵有着根本区别。审美生存思想，就是从生存论的维度出发的，探索的是人在实践活动中如何获得自由。

审美生存是人的自由真正得以展开的境域。在审美生存中，人能够摆脱功利主义的束缚，个人不再是单纯的满足欲望的主体，世界也不再是单纯满足欲望的客体，人和世界之间是一种更加本真的交流关系，而不是满足与被满足、改造与被改造的关系。所以，审美生存意义上自由

① 张曙光：《生存哲学——走向本真的存在》，云南人民出版社，2001，第48页。
② 《马克思恩格斯选集》第3卷，人民出版社，2012，第491页。

问题的解决，不能借助对外部世界必然性的认识以及对客观世界的征服来实现，自由的价值与意义也没有办法得到充分的彰显。

第三，马克思审美生存思想的和谐关系维度。只有从生存的维度出发，才能够全面把握马克思的自由观念。对于真善美的价值，马克思强调要全面把握，而生存境域是贯通真善美价值的基本要求。按照知、情、意的三种心理功能，可以把人类的生存方式分解为理性的存在方式、道德的存在方式、审美的存在方式三种基本模式。①

三种生存模式对应着人与世界的三种相处方式。理性的存在方式主要是把世界作为科学认知的对象，道德的存在方式主要是把世界作为道德践行的对象，审美的存在方式主要是把世界作为审美实践的对象。从这个分类上可以看出，单从认识论的角度出发，不能对自由进行全面的掌握。只有从生存论的维度出发，才能够对自由的内涵进行全面的揭示。

虽然人的认识能力与改造能力是人生存和发展的基础，但只有在使自然世界不断人化的过程中，才能够满足人的基本需要，为人的生存、发展乃至审美境界的提升奠定物质基础。不过，人对物质产品以及人际关系的感性占有，并不能单纯地理解为片面的、直接的享受，也不能把单纯的占有理解为唯一的目的。"为了人并且通过人对人的本质和人的生命、对象性的人和人的产品的感性的占有，不应当仅仅被理解为直接的、片面的享受，不应当仅仅被理解为占有、拥有。"② 实际上，物质感性的满足只能为人类提供比较有限的、直接的享受。"囿于粗陋的实际需要的感觉，也只具有有限的意义。"③ 为了达到更加本真的生存状态，消除存在的异化，人类应该摆脱物化状态，消除直接功利性的生存模式，如此才能回到人的本真存在之中。

第四，马克思审美生存思想的和谐特征。审美生存与人的实践能力、认识能力并不存在冲突，这是马克思审美思想的特点。在马克思看来，生存论意义上的自由观念，实际上指人是作为完整的人，在现实存在中

---

① 朱立元：《美学》，高等教育出版社，2001，第5页。
② 《马克思恩格斯文集》第1卷，人民出版社，2009，第189页。
③ 《马克思恩格斯文集》第1卷，人民出版社，2009，第191页。

全面展开自己的存在本质。"人以一种全面的方式，就是说，作为一个完整的人，占有自己的全面的本质。"① 在传统的认识论中，过于强调人的自由建立在对世界征服的基础上，把人与世界的对立关系视为根本关系，实际上是对人与世界关系的片面认识。马克思认为，人与世界的关系是生存的境域，只有在生存论意义上探讨人的认识、实践与审美，才能使人释放更多的潜能，获得自由全面的发展。审美生存能够把人与世界的关系以最本然的状态表现出来，并能充分展现人自由自主的特征。

二 马克思审美生存思想的生成

第一，马克思审美生存思想强调审美生存是在人的生存历史中生成的。人的自由是在人把理念诉诸现实生存的实践历史中生成的。现实的、感性的活动其实就是人的生存实践，而人的审美生存实践就是人自由自主的实践活动。对审美生存的规定就是自由自主，生命活动的性质就是一个种的全部特性、类特性，自由自主就是人的类特性的具体体现。"一个种的整体特性、种的类特性就在于生命活动的性质，而自由的有意识的活动恰恰就是人的类特性。"②

马克思认为，人的自由不是预先设定的，而是在具体的生存过程中造就的，人的本质是自己创造的。不是自由创造了人类，而是人类创造了自由，进而创造了自身，是人类的生存活动造就了人类自身。马克思曾经明确地指出，人的生理器官的形成是历史发展的结果。"五官感觉的形成是迄今为止全部世界历史的产物。"③ 人类在参加实践活动的过程中，实现了人化，也逐渐从单纯自然性的存在者变成了社会性与自然性并存的存在者，人的自由自主性也不断得到强化。正如恩格斯在《劳动在从猿到人转变过程中的作用》中所强调的，人类生活最基本的条件是劳动，

① 《马克思恩格斯文集》第1卷，人民出版社，2009，第189页。
② 《马克思恩格斯选集》第1卷，人民出版社，2012，第56页。
③ 《马克思恩格斯文集》第1卷，人民出版社，2009，第191页。

是劳动而不是其他创造了人自身，"劳动是整个人类生活的第一个基本条件，而且达到这样的程度，以致我们在某种意义上不得不说：劳动创造了人本身"①，正是那些具体而微的生存活动，推动了人类的社会化进程，也形成了审美生存所必需的自由自主性。

从人与动物的比较之中，能更加清晰地看出生存论视域下人的自由特征。马克思强调，人能与自己的生命活动相区别，作为有意识的存在物，人能和自己的生命相同一，可以有意识地反思、批判乃至设计自己的生命活动。人可以把生命活动变成自己的思考对象，自主决定生命活动的趋向，而不是与自己的生命本能直接融为一体。"动物和自己的生命活动是直接同一的。动物不把自己同自己的生命活动区别开来。它就是自己的生命活动。人则使自己的生命活动本身变成自己意志的和自己意识的对象。他具有有意识的生命活动。这不是人与之直接融为一体的那种规定性。有意识的生命活动把人同动物的生命活动直接区别开来。"②由于人的意识的独立性，人能够摆脱动物式的生命活动所受到的那种束缚，从而获得意识驱动与自由。

第二，马克思审美生存思想强调主体意识是审美生成的重要条件。人自身的意识也是审美生存思想的重要因素。马克思曾经指出，作为类的存在物，人能够把自己的类与他物的类作为认知与实践活动中的对象，这一行为之所以实现，是因为人在认知与实践过程中，把自身视为有生命的、现有的类对待，视为具有普遍性而且有自由的存在者。"人是类存在物，不仅因为人在实践上和理论上都把类——他自身的类以及其他物的类——当作自己的对象；而且因为——这只是同一种事物的另一种说法——人把自身当作现有的、有生命的类来对待，因为人把自身当作普遍的因而也是自由的存在物来对待。"③正是人的反思意识，使其能够从自身的活动中解放出来。

马克思通过例证说明了这一点。动物与人都从事生产活动。动物为

① 《马克思恩格斯选集》第3卷，人民出版社，2012，第988页。
② 《马克思恩格斯选集》第1卷，人民出版社，2012，第56页。
③ 《马克思恩格斯选集》第1卷，人民出版社，2012，第55页。

自己营造住所、巢穴，但它只是生产满足它自身或者它的后代直接需要的东西，是在肉体需要的直接支配之下进行生产活动，它只生产自身。但是人的生产活动则是比较全面的，甚至当他不再需要支配时还会生产，因此人的产品不像动物那样必然同肉体相联系，他是自由的，甚至可以生产整个自然界。①

生存是人的生命活动与动物的生命活动的根本区别。动物的生命活动只是为了维系生命，被动地按照本能要求展开生命活动。人的生命活动则是为了更好地存在，由于人具备了自觉自主性，人自觉地为自己选择生存方式，甚至可以为了某种生存理念牺牲肉体生命，舍生取义、向死而生是重要的审美生存内容。但是人选择生存的意识，并不是先天存在的，而是在历史发展的过程中逐渐形成的。人选择生存的自由同样如此，并不是先天就有的，而是在生存实践中逐渐形成的。

第三，马克思审美思想强调审美生存是在特定的生存境域中形成的。马克思的生存自由存在于特定的生存境域之中，其认为人的自由只存在于人的生存实践活动之中，审美生存的自由只存在于现实的、具体的、感性的生存过程之中。审美生存的实现，是在过去的积淀与未来牵引的共同作用下从当前的存在出发的。过去的历史积淀对现在的塑造，未来的希冀对现在的牵引，当前存在状况对现在的限制，是人从现在生存转变为未来生存的三大决定性因素。从这个意义上来说，审美生存的形成，也是历史发展的过程。

审美生存是人获得生存意义的方式。现实层面的解放比精神层面的解放更加重要，解放人的身体和生存环境与解放人的意识都是必要的。人从现实的生存状态中获得的自由才是真正的自由，也只有这样的生存才是审美的、有意义的生存。理想的社会，能够使人的生存变得更加感性、全面而丰富，"已经生成的社会创造着具有人的本质的这种全部丰富性的人，创造着具有丰富的、全面而深刻的感觉的人作为这个社会的恒

---

① 《马克思恩格斯选集》第 1 卷，人民出版社，2012，第 57 页。

久的现实"①，这也是审美生存意义历史生成的理想。

三　马克思审美生存思想的实践与教化

第一，强调审美生存实践与教化的本质是自由的生存。根据审美生存的意义来把握马克思对人本质的阐述。自由是审美生存的核心，表现在现实生活中就是人能够对当下进行动态性的把握，并自由地按照美的规律去创造。在马克思看来，动物只会按照肉体的直接需要和它所属的那个种类的尺度去生产，但是人却能够按照任何种类的尺度去生产，而且知道如何把内在的尺度用到对象身上，人自身也是按照美的原则构造的。"动物只是按照它所属的那个种的尺度和需要来构造，而人却懂得按照任何一个种的尺度来进行生产，并且懂得处处都把固有的尺度运用于对象；因此，人也按照美的规律来构造。"② 下面就从审美生存角度，对这一问题展开阐述。

马克思所说的美的规律需要从生存论的维度进行阐述。虽然美的规律有其认识论基础，也涉及道德论的重要内容，但在根本意义上，是关于人的存在的。人的生存活动之所以与动物的生命活动有着本质区别，就在于人是自由的存在物。动物与人的区别在于种的尺度与内在的尺度不同，前者主要是指肉体的直接需要与事物的外在形态，后者主要是指精神的高级需要与客体规律的内在规律性。③ 美的规律实际上是指合规律性与合目的性的统一，我们要继续探讨人为何以及如何按照美的规律进行创造和实践。

马克思认为审美生存实际上也是由人的自由自主性的本质所决定的。作为有意识的存在者，人对于世界的存在以及自身的存在，能够进行反省和思考，可以发现生存中的美，进而按照美的规律进行生产和实践。

---

① 《马克思恩格斯文集》第 1 卷，人民出版社，2009，第 192 页。
② 《马克思恩格斯文集》第 1 卷，人民出版社，2009，第 163 页。
③ 陆贵山、周忠厚：《马克思主义文艺论著选讲》，中国人民大学出版社，2003，第 34 页。

但因为人是有意识的存在，其在发扬理性的过程中可能会为自己打造一个绝对理性的形象，或树立"人为万物立法"的绝对形象，而如果忽略了人的出身，遗忘了人另一半的生物性，就很有可能把自己视为掌控世界的神，或可以凭借力量任意主宰世界，如此审美也就荡然无存了。

为了避免这种悲剧，人的实践活动必须遵循美的规律，因为美的规律与人的存在息息相关，并且其关注的不仅仅是当下的存在，还包括未来的诸多可能性。也只有这样，人与世界的关系才是和谐稳定的。美的规律是对人与世界关系的审美界定，即人通过适宜的存在方式与万物相互沟通，在这种本真的关系中，人与世界万物都能充分敞开、澄明，存在于一个解蔽的光明的世界之中。当我们立足于审美生存的维度时，只有遵循美的规律去生存和发展，才能够抵达澄明之境。

马克思审美生存思想的意蕴具有有限性。对人的生存自由来说，它一定是有限度的自由，这就要求人必须按照美的规律进行生产与实践，而不是随心所欲、为所欲为。相对于动物而言，人肯定是自由的，但是人的这种自由是有限度的：虽然人可以摆脱肉体对自身的束缚，可以更加自由地进行生产，可以更自主地处理自己的产品，但是在基本层面上，人与世界万物一样，都是有限的存在。应重视马克思对自由限度的认识，这样就会意识到马克思所说的"实践"并不是强调人类对世界万物为所欲为的改造，不至于在肯定人的主体性之后陷入人类中心主义的沼泽，反生态的实践活动最终会导致人类失去所有的审美感和价值感。

第二，强调审美生存实践与教化必须在有限的境域中展开。马克思强调人正是在有限的存在中才得以自由地按照美的规律来进行创造。相对于动物无意识的生命活动而言，人的独特性在于人的生命活动是有意识地展开的。但是，意识性不能被界定为人类唯一的本质特性，也不能把有意识的存在等同于人的存在本身，因为人类身上有着无法消除的动物性，如饮食男女等机能是人的机能的有机组成部分，并且是人有意识的机能的基础，"固然也是真正的人的机能"①，这也是人所具有的有限

---

① 《马克思恩格斯文集》第 1 卷，人民出版社，2009，第 160 页。

性，但是，这种有限性恰恰是人类能够获得自由的基础，人类正是因为有限性才得以自由。任何动植物都是受到限制的、被动的存在物，因为人是感性的、肉体的、自然的、对象性的存在者，"人作为自然的、肉体的、感性的、对象性的存在物，同动植物一样，是受动的、受制约的和受限制的存在物"①。

审美生存实践的有限性视域是对现代文明发展的矫正。就像黑格尔在《哲学史讲演录》中所说的，从笛卡尔开始，人类像穿上七里神靴，大步前进。人获得了自信心，相信自己的感觉、思维，人类的主体地位不断提升，并逐渐取代了上帝，成为世界新的主宰。但是现代历史的发展表明，这是人类对自身的误判，人虽然有高于万物的自觉意识，但人类本身也源自万物；人是这个世界的守护者，而不是这个世界的征服者，同世界的和谐相处是人类的责任。人只有在承认自身有限性的前提下，才能够抵达审美生存的澄明之境。因此，马克思所说的"美的规律"也是人与世界关系的审美阐述，是人类理想的生存方式。

第三，强调审美生存的实践与教化是对人类生存状态的重构。审美生存实践是从当下指向未来的。马克思认为，从审美的历时性角度来看，按照美的规律展开实践活动，是从当下的审美生存出发，经由当下而以未来为指向的。只有按照美的规律展开人类的生存活动，才能够在生存世界中进行自由的创造并获得审美体验。在现实处境中，人的自由与解放是马克思审美生存思想的焦点所在。因为马克思对当时的社会状况进行了批判，认识到资本主义生产方式对人的异化，所以试图提出"美的规律"来消除人的异化。

审美生存实践是为了重新建构人与自然、人与社会、人与自我的关系。审美生存实践要求按照美的规律重塑人的生存状态，以此化解当前社会上存在的种种异化现象，进而促进人全面而自由地发展。在现代化社会中，虽然人的实践力量是巨大的，但这种力量在带来巨大财富的同时，也造成了自然生态的破坏、社会关系的紧张、内心世界的失衡，人

---

① 《马克思恩格斯文集》第1卷，人民出版社，2009，第209页。

的生存状态、生存质量已经成为当今社会需要关注的重要问题。

审美生存的践行是改变异化生存状态的要求。只有按照美的规律构建和谐的审美关系，才能逐渐消除人的异化。强大是人得以生存的客观要求，但是这种强大本身并不是无限的，人的生存状态的完善不是仅仅靠强大就能够解决的。只有超越了技术理性的异化以及人类中心主义的神话之后，人类才能够正确处理人与世界、人与自然、人与自身的关系，实现人的审美生存。

第四，马克思审美生存思想实践与教化的重要意义。马克思的审美生存思想具有重要的现代价值，是从生存论的维度出发，把自由创造作为审美生存的本质表现，强调审美生存的践行应从当下的现实存在出发，并以未来的恒久持续发展为标准，对当下的生存处境进行历史性体悟。马克思的审美生存思想，有利于深入解析当代人的生存困境，对于改善当代人的生存处境具有重要意义。也是在这个意义上，解构主义大师德里达强调，对现代问题的思考离不开马克思，马克思对美的规律的探索及对重构生存状态的思考是我们重要的文化遗产、如果没有了这些，我们对人的审美生存的认识与理解就会存有缺憾。①

四　马克思审美生存思想的中国化

（一）马克思审美生存思想中国化的社会背景

第一，对审美生存思想的阐发是革命发展的需要。中国革命的社会背景是中国化马克思主义审美生存思想生成的土壤和动力源泉。中国半殖民地半封建社会的特征，促使中国共产党选择了农村包围城市的革命路线，在文化上也确立了具有农民特征的文化道路。与此同时，文化用来充当政治斗争的武器和塑造革命主体，马克思审美生存思想体现在中国现实的文化活动与政治活动之中，美学言说容易陷入权力斗争的旋涡

---

① 〔法〕雅克·德里达：《马克思的幽灵》，何一译，中国人民大学出版社，1999，第21页。

之中，成为政治斗争的工具和政治运动的催化剂。美学的政治化与政治的美学化之间的辩证关系成为中国化马克思主义审美生存思想的重要特征。

第二，对审美生存思想的阐发是大势所趋。中国化马克思主义审美生存思想和中国革命之间存在错综复杂的关系，前者超越了民族与文化的界限，在强调中国革命的民族性、地域性的同时，也体现了国际性、全球性、世界性的倾向，把全人类的解放与自由发展视为最高目标。

中国化马克思主义审美生存思想与中国文化领域的很多基本问题相呼应，体现了现代问题的复杂性，即隐身于传统文化中的救世主义、欧洲近代以来的启蒙人文主义、影响近代历史进程的马克思主义的交互作用。马克思主义美学因其救世主义和乌托邦思想与儒释道传统相近而受到普遍欢迎。马克思主义为中国走出现代化困境提供了变革社会结构与文化传统的解决方案，使其美学思想与革命关系密切。中国化的马克思主义审美生存思想作为意识形态话语赋予了社会主义、共产主义理想以普世性、合法性，同时也肩负着培育新人类、新文化的重任。审美生存作为人类革命的重要组成部分，通过文化革命的形式展现出来。

（二）马克思审美生存思想中国化的思想背景

马克思审美生存思想之所以能够成为中国审美生存思想的重要组成部分，除了马克思主义思想的科学性、中国人民选择的必然性之外，还与社会文化所提供的思想资源有关。下面就对这些资源进行简要论述，以便更好地理解马克思审美生存思想中国化的渊源。

生存的艺术化成为思想界关注的焦点，也是近代以来思想家们重要点解决的问题。梁启超强调社会改良与文化启蒙，认为美是人类社会生活的第一要素，指出科学源于美的艺术。王国维推崇中国思想与德国古典美学的创造性融合，强调在现实生活中达到审美生存的最高境界。蔡元培强调现代社会的改革应以美学代替宗教。从李大钊、陈独秀到瞿秋白、毛泽东，都认识到文化革命与审美教化对重建人的生存的重要性。鲁迅对文化启蒙与政治变革的张力做了回应，并提出否定性的审美观念。

鲁迅和瞿秋白强调，培养无产阶级意识与进行文化革命是中国化马克思主义审美生存思想最为原初的内容。

（三）鲁迅否定性维度的审美生存思想

第一，鲁迅否定性审美生存思想的双重意蕴。鲁迅的否定性美学主要包含了两种意蕴。一是以否定性的态度展开文化批判，从传统文化、民族劣根性到西方个体主义、自由主义，从国民党的亲法西斯主义到共产党的宗派主义，并把自己视为知识分子的标本而进行无情的自我批判。二是以否定悲观的态度审视文学与革命的关系，认为文学与革命不可兼容，不是文学毁灭革命，就是革命毁灭文学。

作为一个满腔热忱的知识分子，鲁迅试图借助理性的批判来推动社会发展与人性完善。他意识到历史的重要性，把批判与思考放在现代性的语境之中，具有强烈的国际主义精神，批判民族中心主义，否定不同形式的文化优越感。

第二，鲁迅否定性审美生存思想的复杂性。鲁迅的思想具有复杂性，这从其杂文作品的寓言特征中就可以看出。鲁迅的否定性美学强调历史是"阔人享用的人肉的筵宴"，认为传统文本中只有"吃人"两个字，因此，如何处理愚昧野蛮、同类相残的历史就成为知识分子的职责。鲁迅的"铁屋子"寓言指出了这个困境：唤醒那些无可救药的人，使之承受临终的种种苦楚，真的有意义吗？历史的守护者看到了人类的巨大灾难，渴望重新整合那些支离破碎的东西，但是进步的风暴却使之无能为力。不一致与异质性反映了矛盾本性的否定性审美，显现了现代性的问题与困境。

第三，鲁迅否定性审美生存思想中政治与审美的张力。鲁迅强调审美的阶级性是不可抹杀的，认为否定阶级冲突的普遍人性是不存在的，参与实际的社会政治运动是很有必要的。他指出，文学建立在阶级性的基础之上，虽然文学家自以为有超越阶级的自由，但阶级意识依然潜在地起着决定性作用，从来不存在超阶级的文学。[①] 他非常重视审美创造的

---

① 鲁迅：《鲁迅全集》第 4 卷，人民文学出版社，1983，第 166 页。

社会性、实践性基础以及政治功能。

鲁迅在审美与政治的夹缝中徘徊。文艺推动社会的进步与分化，政治渴求社会的稳定与统一；文艺推动了社会的进化，却容易被政治视为眼中钉、肉中刺，极力拔出而后快；于是，文艺不得不辗转逃亡。[①] 鲁迅处于各种力量的夹缝中，作为横着战斗的人，经历了精神上极为痛苦的自我流放。鲁迅认为，虽然解放自己是极为遥远而虚幻的，但是可以从觉醒的人入手，把自己的孩子解救出来；尽管个人因袭的重担难以卸下，但是可以扛住黑暗的闸门，把孩子放到光明且宽阔的地方，获得合理地做人、幸福地度日的机会。

第四，鲁迅对审美流变的深刻洞察。鲁迅虽然亲自构建自由平等的社会，但并未因此成为狂热的理想主义者，而是用极为冷静的现实主义目光审视后革命时代狂热的审美文化，对这一时期的艺术以及艺术家们面临的处境表达了强烈的担忧：革命之后对革命的颂扬、恭维只是对有权者的颂扬、恭维，已经与革命没有任何瓜葛了；感觉敏锐的艺术家想表达对现实的不满，却遭到政治革命家的封杀，虽然之前他们就是被封杀的对象，但是这并不妨碍他们采取同样的手段封杀自己治下的异议者。[②] 这就是政治生存的历史悲剧所在。

（四）瞿秋白的审美生存思想

第一，瞿秋白强调革命发展的特殊性与普遍性之间存在的张力。瞿秋白认为中国革命不能脱离中国实际，尤其是文化革命应该结合中国的具体国情。其明确指出欧洲文化发展的阶段性，认为资产阶级文化在西欧现代资本主义的社会建构中起到了积极的作用，文化革命与"五四"运动都是欧洲资产阶级文化影响下的积极成果。

瞿秋白强调东西方之间没有明确界限，人类社会的发展存在同样的

---

① 鲁迅：《文艺与政治的歧途》，载《鲁迅三十年集》，香港：新艺出版社，1971，第116页。

② 鲁迅：《文艺与政治的歧途》，载《鲁迅三十年集》，香港：新艺出版社，1971，第117页。

规律，所以东西方之间的差异仅仅是各自发展程度不同所导致的，并非各自不同的发展动因，因此这一结果仅仅显示了时间上的快慢，并不存在性质上的根本区别。① 他认为现代世界中最普遍的就是阶级斗争矛盾，只有组织群众进行政治斗争才能够解决。

第二，瞿秋白对审美文化革命中知识分子角色的阐述。瞿秋白对知识分子提出了非常具体的要求，并对后来的革命审美活动产生了巨大影响。他强调知识分子应该进行自我教育或者自我改造，从意识形态方面改变自身。他要求实现文化革命从城市到农村的转变，以此为知识分子的转变奠定坚实的基础；还强调应该注重并加强文化领域与意识形态领域的阶级斗争教化，破除仅从经济领域以及政治领域入手的局限性。他提倡的革命应该是文化与思想的革命，而非经济或者政治领域的革命。

瞿秋白希望借助于无产阶级文化运动促进知识分子与普罗大众的结合，并以此创造优秀的民族文化。瞿秋白极其强调文化革命的重要性，认为文化革命必须与大众文化结合起来，无产阶级文化运动的核心是形成新的民族大众文化，这是无产阶级在文化领域掌握革命领导权的现实任务。②

第三，瞿秋白审美生存思想的概括与总结。瞿秋白从两个方面阐述了其马克思主义的审美观点。一方面，强调道德改良与知识启蒙只有在民族大众文化中才能够实现。他认为，消解知识分子与普罗大众之间的隔阂，是文化革命的关键所在。普罗大众尤其是广大农民是不认识字的，为了将之培养成新的知识阶层，知识分子应从资产阶级知识分子转变为无产阶级知识分子，学会把知识送到农民那里去。瞿秋白并没有强化改造知识分子意识形态的优先性，后来毛泽东把思想改造界定为文化革命的关键问题。

另一方面，瞿秋白提出了进行审美形式以及审美语言革命的具体任务，强调文化革命的核心问题是语言问题，应消除西化的资产阶级语言

---

① 瞿秋白：《瞿秋白选集》，人民出版社，1985，第9页。
② 瞿秋白：《瞿秋白文集》第2卷，人民出版社，1998，第880页。

倾向，使古典的书面语言与日常的白话融会贯通。无产阶级文化运动应该为普罗大众创造新的日常话语系统，从说书、地方戏曲、民间故事中汲取营养，强化语言的民族性，重建民族大众传统，摆脱西化影响与传统守旧的双重束缚。

瞿秋白除了理论建构之外，还在实践中推动日常语言的发展，鼓励革命大众美学的形成与发展。他认为，大众美学与日常语言是无产阶级教化的核心要素。为了消除劳动人民学习知识的障碍，他还大力推动中国语言文字的拉丁化，尽管他曾激烈地批判新文化运动中的欧化问题。

（五）毛泽东的审美生存思想

毛泽东是瞿秋白审美生存思想的践行者。作为革命的领导者，毛泽东发展了瞿秋白将马克思主义从上海转移到江西农村，以及把审美话语提升为中国化马克思主义与中国革命的关键要素的思想。

第一，毛泽东审美生存思想的提出是出于革命斗争的需要。当时的中国社会四分五裂，各种政治主体宛若一盘散沙，无产阶级政党不得不把文化变革与意识形态建构作为重要问题来抓，视之为增强革命力量的重要条件，审美话语成为革命斗争的有机组成部分，成为构建新文化与新主体的决定性因素。正如毛泽东所说的，"革命文化，对于人民大众，是革命的有力武器。革命文化，在革命前，是革命的思想准备；在革命中，是革命总战线中的一条必要和重要的战线。而革命的文化工作者，就是这个文化战线上的各级指挥员"[1]。

第二，毛泽东审美生存思想的哲学基础。毛泽东最早在其哲学思考中探讨文化革命的问题，如《实践论》《矛盾论》尝试合理化中国革命，强调革命只有通过实践才能真正解决中国所面临的各种问题。毛泽东认为，只有抓住复杂矛盾中的主要矛盾，才能从根本上实现革命理想。发展的不平衡是多样化矛盾所构成的多元性的复杂发展过程所导致的，不

平衡是事物发展的常态，平衡只是相对的、暂时的，因此要反对均衡论。① 矛盾的特殊性与发展的不平衡性有着非常密切的关系，它证明了在进行革命的过程中，一定要结合中国的具体国情，根据时空发展的差异性以及不平衡性，选择适合中国的现代性战略。

毛泽东指出，一般来说，实践、生产力、经济基础起主要决定作用，这是唯物主义的基本观点。但是，在一定条件下，理论、生产关系、上层建筑也会起到主要决定作用，尤其是当生产关系阻碍生产力发展的时候，生产关系的主要决定作用就得到凸显。因此，如果没有革命的理论就不会产生革命的运动，当上层建筑阻碍经济社会发展时，政治变革与文化创新就成为主要决定因素了。②

第三，毛泽东审美生存思想的中国特色。毛泽东强调中国化过程的重要性，虽然共产党信仰的是国际化的马克思主义，但只有与中国的具体国情相结合才可以实现，马克思主义的力量源于其同各国革命实践的具体情况相结合，中国共产党应学会如何在具体环境中运用马克思主义思想。推动马克思主义的中国化进程，根据中国国情运用马克思主义是中国共产党的首要任务。必须以中国特有的方式呈现马克思主义，把民族形式与国际主义内容紧密结合起来，使之形成新鲜活泼的、能为大众所喜闻乐见的中国作风与中国气派。③

20世纪40年代初，基于国民党封锁与日本侵略的双重压力，共产党面临着军事危机与政治危机，毛泽东强调共产党领导者要竭尽全力处理意识形态问题，需要借助于权威的意识形态解决共产党内部的冲突，巩固和统一全党。他针对当时这一严峻形势的系列讲话，成为马克思主义中国化的经典文本，其中最能体现其审美观点的就是1942年发表的《在延安文艺座谈会上的讲话》。

第四，毛泽东审美生存思想的阶级背景。毛泽东强调，审美的接受与生产和民族的形式关系密切，为人民群众服务是文学艺术创作的目的，

---

① 《毛泽东选集》第1卷，人民出版社，1991，第326页。
② 《毛泽东选集》第1卷，人民出版社，1991，第325～326页。
③ 《毛泽东选集》第2卷，人民出版社，1991，第534页。

要求艺术家们必须掌握老百姓的日常语言以及墙报、壁画、民歌等原始的艺术形式，从小资产阶级立场转移到无产阶级立场上，把外来的、非大众的艺术形式转化为民族的、大众的形式。思想改造的关键在于，通过认真学习群众的语言而与群众打成一片，知识分子应为此下定决心进行艰苦的训练。

在这个过程中，最重要的不是学习马克思的著作，而是通过学习群众尤其是农民的言说方式与生存方式，来转变其立场与思想。民族形式的阐释转换既是审美创造的过程，也是道德、政治以及意识形态转化的过程。毛泽东认为农民的灵魂要比小资产阶级知识分子的灵魂干净，知识分子应该从农民那里获得灵魂的救赎。

第五，毛泽东审美生存思想的历史特征与政治色彩。毛泽东还指出，审美生产的过程是历史动态发展的过程，审美经验的形成关键在于受众的期待视域。毛泽东强调受众并不是完全被动的，他们自身的反应决定了审美经验交流的效果，进而促成了审美经验的净化，净化的核心是自己的愉悦与他人的愉悦的统一，实现了审美生产与审美接受的融合。毛泽东强调审美是为人的解放与发展服务，审美的这种政治目标是由无产阶级的立场决定的。因此，毛泽东的审美思想具有历史性与政治性。

毛泽东的审美生存思想与其审美接受思想息息相关。与苏联的艺术反映论相比，毛泽东审美思想的决定论色彩有所减弱，但在某种特定情境下容易沦为工具论。尤其是他的《在延安文艺座谈会上的讲话》以及对艺术创造政策与策略的思考被奉为审美创造与艺术批评的标准之后，其关于审美生产的某些观点后来被演化为实际生活中的政治禁锢与意识形态束缚。毛泽东认为审美生产是对生活的原始形式进行再创造的过程，突出了艺术家作为中介进行形式创造的重要性，具有重要的启示意义。

第六，毛泽东审美生存思想对现实与创造关系的阐述。毛泽东强调文化艺术的源泉是人类社会的现实生活，革命文艺就是革命作家对人民群众真实生活的创造性反映。虽然现实生活的自然形态比较粗糙，但是审美生产中最为基本、丰富、生动的东西，是审美经验永不枯竭的源泉。①

当然，毛泽东也指出审美生产并不是对现实生活简单地再现与原封不动地模仿，而是经过复杂的提炼、润饰、创造，以更加集中、强烈、典型、理想和普遍的方式表达高于现实生活的东西。毛泽东认为，革命审美的价值就在于从现实生活出发，创造各种各样的典型人物，推动革命活动的开展。

（六）胡风的审美生存思想

第一，胡风的审美生存思想对个体独立意识的强调。胡风的审美生存思想主要是关于审美主体的革命以及抵抗的思想。在胡风看来，现实主义再现的关键是人的主体性，这也是沟通真实经验与现实政治的桥梁。他认为，文化批判主体的确立，是使中国文化焕发生机的关键所在。

传统社会中由于个体意识被集体意志与血缘关系所遮蔽，人们普遍缺乏独立的批判性主体意识。应建立审美主体的复杂概念，通过启蒙抵抗对普罗大众的精神压迫。革命的审美应该承担启蒙、熏陶乃至塑造人格的任务，将个体引入革命斗争之中：所谓的意识形态之争，实际上是借助于革命的审美瓦解陈旧、反动的审美思想，借此引起现实生存中的斗争，并借助于现实生存中的斗争巩固意识形态。②

第二，胡风的审美生存思想对主体超越精神的强调。胡风认为"五四"运动的审美革命对封建传统与乡村进行了强烈批判，强调不能因为农民的人口比例大就屈服于自然状态中形成的农民美学意识。应重视现实主义的引导意义，在现实意义上把握并深入日常生活，把国际主义理想融入民族生活中，将民族生活提升到国际主义理想的高度，使新民主主义的内容与民族的形式有机结合起来。③

胡风强调审美的主体性形成于人的主体与现实生活在革命实践中结合的过程，这种革命实践的内容应该是丰富的：控诉封建主义与法西斯

---

① 《毛泽东选集》第3卷，人民出版社，1991，第860页。
② 《胡风评论集》第3卷，人民文学出版社，1985，第341~342页。
③ 《胡风评论集》第2卷，人民文学出版社，1985，第258页。

主义，鞭挞各种形式的奴隶道德，挖掘人民群众的潜在力量，鼓舞人民彻底解放的革命斗志等。① 审美主体成功的关键是能够与群众的奴性精神做抗争，以激发群众的革命潜力。虽然群众有着强烈的变革欲求与历史要求，但却演变为错综复杂的途径与千变万化的形态，精神奴役的潜在创伤时刻影响着他们解放自身的程度，这就要求艺术家应与具有民众奴役精神的生活内容做抗争。②

第三，胡风的审美生存思想对现实生活抗争的阐述。胡风认为审美生存的抗争是从与感性对象生活的搏斗开始的。这个搏斗的过程，同时也是摄取对象与克服对象的过程，要求批判的精神超越逻辑的限制，在对对象的批判中把握其社会意义，并灌注主体自身肯定或者否定的精神。③ 现实之所以成为现实，就是因为其蕴含着民众的希望、潜力、重负、觉醒、渴求甚至痛苦，审美主体要得出认识或做出反应，必须将这些内容转化为自身的内容才有可能。④

（七）美学论争时期的审美生存思想

新中国成立之后的美学争论深化了对审美的认识，了解这个阶段的审美生存思想，对于建构审美生存理论具有积极的意义。下面就对几种重要的观点进行简要阐述。

第一，朱光潜的审美生存关系论思想。美的本质是相对而言的，美既不单纯地存在于主体之中，也不单纯地存在于客体之中，而是存在于主体与客体的关系之中，也就是心与物的关系之中。但这与康德所强调的物对心的刺激、心对物的感受不同，而是心借助于物的形象所展现的情趣。世界上并不存在俯拾皆是、天生自然的美，所有的美都必须经由心灵的创造才会成为可能。⑤

---

① 《胡风评论集》第 3 卷，人民文学出版社，1985，第 22 ~ 23 页。
② 《胡风评论集》第 3 卷，人民文学出版社，1985，第 221 页。
③ 《胡风评论集》第 3 卷，人民文学出版社，1985，第 18 ~ 19 页。
④ 《胡风评论集》第 3 卷，人民文学出版社，1985，第 298 页。
⑤ 《朱光潜美学文集》第 1 卷，上海文艺出版社，1982，第 165 页。

审美生存的践行是解决人生问题与社会问题的重要渠道。欲提升国家与民族的地位，每个个体就应该培养健全的身体、高尚的品性，掌握高深的学问、娴熟的技能，只有当每个个体都成为社会中一个有力的分子时，社会的整体生态才会有所改善。①

审美生存实际上就是在现实生活中展现人的性格情趣，人的心境决定了人的精神世界，人所看到的世界是自身的性情所创造的。美绝非单纯的心或者物，而是心与物交融的产物。② 人审美生存的深度，决定了人所能体验到的世界的丰富程度。情趣的深浅决定了生存世界意蕴的深浅，深者生存世界的意蕴亦深，浅者生存世界的意蕴亦浅。③

第二，李泽厚的审美生存历史积淀论思想。李泽厚强调物质实践是审美生存的基础，认为客观物质的实践是知识精神实践的基础，且前者优于后者。人化自然不仅仅是指人的感性，最关键的还是作为人类存在的前提条件的客观物质世界。④ 他认为审美生存的根源在于人类利用工具改造客观物质世界的活动，是作为人类整体的社会历史实践的本质力量创造了美，而非个体情感、意志、思想、意识等力量所创造的。⑤

李泽厚将康德的主体性与理性理论引入历史唯物主义的范畴之中，创造性地提出了主体实践美学。他认为，马克思的自然人化理论强调借助科学与工业来改造自然的物质实践是人类最基础的实践活动，正是在此基础上实现了自然与人类的对立统一，人成为掌控自然的主人，主体与客体、感性与理性、必然与自由、规律与目的实现了真正的统一。由此，他提出了积淀说，只有当理性积淀在感性之中，内容积淀在形式之中，自然的形式与自由的形式才能合二为一，达到审美生存的境界。⑥

第三，刘再复的审美生存解放论思想。刘再复用马克思浪漫主义乌托邦的观点诠释人的审美生存。他认为，马克思坚持进步主义的历史观，

① 《朱光潜全集》第4卷，安徽教育出版社，1988，第24页。
② 《朱光潜全集》第2卷，安徽教育出版社，1987，第44页。
③ 《朱光潜全集》第3卷，安徽教育出版社，1987，第55页。
④ 李泽厚：《美学论集》，上海文艺出版社，1980，第153~159页。
⑤ 《李泽厚哲学美学文选》，湖南人民出版社，1985，第464~465页。
⑥ 李泽厚：《批判哲学的批判》，人民出版社，1979，第414~415页。

并在《1844 年经济学哲学手稿》中保留了浪漫主义乌托邦理想，可以将之运用于当代世界中。随着人类从直接生产过程中被解放出来，审美与劳动逐渐融为一体，人性在实践中得以丰富与发展。人的主体形象与自我意识越来越突出，人类在社会现代化进程中力求实现自身的现代化以及主体本质力量的发挥。①

刘再复认为阅读审美经验具有解放生存的功能。按照马克思与席勒的审美教育思想，刘再复认为人可以借此认识到自觉的、自由的、完全的存在，阅读有利于实现人的自由、人的自觉并回归本性。由此，用人性回归的功能取代了革命领导权的认知功能，改变了审美政治化、工具化的倾向，将审美生存的目标作为激发人的主体性、自由性、普遍性的正确方向，借助于主体审美经验的浪漫化解决革命与革命领导权导致的二律背反问题。

刘再复认为审美生存的主体不仅仅是意识与存在的积极关系，还是存在本身及其范畴，是人的本然存在。因此，主体性问题先是本体论问题，才是认识论问题。刘再复强调人是人的最高目的，人是人的活动的目的，人的存在寄存于当下的此在之中，人的最高价值体现于当下的生存和发展的意义之中，审美生存是人类自由精神的象征与体现。

---

① 刘再复：《论文学的主体性》，《文学评论》1985 年第 6 期。

第四章　生存之于审美

生存与审美的关系是认识审美生存根本性质的关键所在。存在是生存的前提、基础、归宿，生存也是审美的前提、基础、归宿。只有以存在者生存为前提，审美才会成为可能；审美的展开，必须建立在存在者生存的基础上；审美实践的最终目的，必然是回到人的生存境遇上来。故此，下文从生存是审美的前提、生存是审美的基础、生存是审美的归宿三个方面展开论述。

一　生存是审美的前提

第一，审美意象的形成建立在生存世界的基础之上。生存是审美的前提，审美意象的构成以生存世界为支撑。根据现象学意向性理论的考察，人的意识活动在本质上是依缘而起的意向性行为，它借助于实项内容建构的观念、意义与意向对象，将活生生的意向对象和意义投射到意识的屏幕上。意识的实项内容是构成现象的各种要素，它们经由主动或被动的方式融入原发过程中，构成更为高阶的意向对象与意义，也就是能够被感觉、思想、想象、意志、感情等支配的存在。因此，现象都是被构成的，而不是现成的被给予的，蕴含着生发与维持被显现者的意向活动的机制。在这个机制的动态结构中，实项内容不断地被意识所激活，并构成了那些超出实项内容的内在的被给予者，这就是意向对象。① 审美

----

① 张祥龙：《当代西方哲学笔记》，北京大学出版社，2005，第191页。

活动是意向活动的一种，意向并非可以感知的原材料，而是意向性的产物，意向的同一性及其内在基础的意蕴依托于意向性行为的发生机制，是显现意象并生成意蕴的过程。意蕴存在于意向行为中，亦即存在于审美体验的过程中而非纯粹独立的。

审美意象活动的特征表明生存世界是审美主体展开审美活动的基础。正如亚里士多德所言，"人的幸福与不幸均体现在行动之中；生活的目的是某种行动，而不是品质；人的性格决定他们的品质，但他们幸福与否却取决于自己的行动"①。审美主体必然生存在世界之中，不存在没有生存世界的审美主体。只有在世界中，我才能通过投射显现的世界使人的存在得到澄明。但那些我产生的东西也是产生我的东西，生存世界在成为我的审美对象的同时又把我带入了美的光芒之中。所以，审美生存离不开生存世界，审美意象的产生离不开意向性行为以及意向性所构成的生发机制，人的生存活动不断集聚各种情感要素与感觉材料，从而构成了一个富有意蕴的审美意象世界。

第二，审美意义的源泉是生存世界中的生发意志。生存世界中的生发机制是形成审美意义的源泉，正如王阳明所言，当深山中的鲜花未能被人的生存意识所充分关注时，它会因为被生存遮蔽而缺乏意义；当此花融入人的生存世界中的时候，才与人一时澄明起来。② 王阳明强调，审美意义依托于人与物相交融的现实生活世界，而不是人与物相隔绝的状态。由此可见，生存意识的生发机制才是审美意义生成的关键。

生存世界中意向性的生发机制也是展开审美生存活动的重要条件。王船山认为，"天地之际，新故之迹，荣落之观，流止之几，欣厌之色，形于吾身以外者，化也；生于吾身以内者，心也；相值而相取，一俯一仰之际，几与为通，而浡然兴矣"③。只有心与物相互接触，发挥意向性生发机制的形式指向功能，才能使物我相通，使生命与天地之间的大化流行相通。因此，审美建立在人类与世界存在的基础之上，生存是审美

---

① 〔古希腊〕亚里士多德：《诗学》，陈中梅译，商务印书馆，2002，第64~65页。
② 张世英：《哲学导论》，北京大学出版社，2002，第73页。
③ 王夫之：《诗广传·豳风》。

的前提条件。

第三，审美生存的深入开展以生存世界的拓展为基础。生存的拓展是审美之所以深入展开的前提条件，只有不断突破创造的存在，才有可能成为审美的典范。为了能够达到审美的状态，要求存在主体随时随地地进行创造，并突破自己，改变自己的存在状态以及思想，使自己时刻处于重生状态。只有在存在中随时保持变动，才有可能形成自身特有的生活风格与生存方式，把自身的存在主体转化为不确定的存在者，成为存在的变量，进而实现审美的最大可能。自由变动的生命属于存在本身，不属于任何他物或他者。只有如此，才能显示出存在的特殊性和庄严性。生存方式是审美生存的渊源。

审美之所以成为可能，是因为人在创造与生活中可以展现不同的存在状态。人们之所以能投身于游戏的激情之中，是因为不知道游戏会以什么方式结束。审美的生成既表现在生存状态时时刻刻的变动之中，也表现在生存目标的不断更新之中。正是生存本身的丰富多样、曲折变换及其历史性，才使审美变得更加丰富，并在不同阶段展示不同的美。

第四，审美境域的生成与拓展需要建立在生存世界的境域之上。生活是审美的境域。"生活本身，应该比任何剧本的台词和舞台表演更加引人入胜。"① 审美的生存，超越了任何固定的界限与规范，超越了任何外在的束缚。生存本身，就是展开审美活动的标准和方向，也是寻求审美快感的经验基础和现实依据。只有在人的生存过程中，审美创造才能得以确立与更新。正是由于生存本身的不确定性，审美生存才充满魅力，因为人未来的存在是有待创造的，我们从未知晓它究竟会以什么样的形式出现，所以才会充满期待，使人的生存出现多种可能，从而在变幻无穷的生存活动中实现人的审美超越，使人性充分展现出来。基于扩展与更新自我存在的需要，人类对超越自身存在感到惊奇，审美生存中并不存在固定的、标准化的规范，而只能在不断展开的新的创造活动中实现

---

① 〔芬〕冯·赖特、海基·尼曼编《文化与价值：维特根斯坦随笔》，许志强译，浙江文艺出版社，2002，第 12 页。

审美生存，这是审美超越的重要动力。古代哲人之所以选择优雅的生存方式，是因为把自身的生存过程视为独立的艺术创造的结果。

审美生存之所以能使生存者按照最本真的状态生活，是因为它是在生存的基础上独立形成的，是生存本身的产物。凡是涉及生存的事务，都需要在生存中依靠自身决断进行选择。日常生活的艺术化，需要对生活技艺非常熟悉，并且善于利用卓越的生活技艺，将自身存在变为独特的艺术品。只有在日常生活的存在过程中，才能够形成审美生存的风格。

审美生存的深入展开需要借助生存的扩展得以实现。随时创造，在创新中度日，随时改变自己的身份，转化自己的"主体性"，改变自己的思想，使自身永远保持全新的状态。作为一个变量或不确定的化身，一个有待人们层层破解的谜团，以自身的实践，证实个人有着不可替代和不可让渡的特性，用自身的生活方式，彰显其崇高尊严。生活和创作的有趣之处，就在于它们可以使你变得不同于当初的你。审美的创造性生存，并不仅仅表现在分分秒秒的生存变动中，同时也表现在生存目标的更新完善中。审美创造的历程及其产物，使生活本身变得曲折而又丰富多彩、妙趣横生，同时也展现了其在不同时段的独特内容。

第五，审美生存的超越与创造建立在生存世界不断拓宽的基础之上。审美生存既受规范和界限的影响，也不从属于任何外在的目的。作为未来发展的方向和标志，只能是生存者自身，依据经验和现实生存的审美快感欲求，在审美创造过程中不断更新。审美的具体目标，从来都不能预先确定；生存审美有着不竭动力与无穷魅力，因为它是潜在的有待实现的。通过创造不同的审美生存模式，可以使人的生存状态不断得到更新，从而激发人类不断超越自身的动力，使其更加丰富的存在成为可能，进而在审美体验中实现存在的超越与自我的拓展。审美生存不提供任何标准化的风格，它追求的只是在新的创造活动中有待实现的生存美本身。古希腊优雅生活的独特之处，就是把生活当成独创的艺术作品。

自身之所以成为审美生存追求的唯一目标，是因为它是生存本身所创造的。在人一生的存在中，凡是涉及自我命运的事务，全靠自身来决定。一位真正的生活艺术家，应最熟悉生存的技艺，善于时时以卓越的生活艺术,将自身生活雕塑成独一无二的艺术作品。只有在自身所展现的生活过程中,真正形成自己的生存风格,才能在一切消失殆尽之后,还存有我独自创造的那种唯一的生存方式。

审美存在者不应固守特定的身份,应放弃对固定不变的事物的追求,否则就会被自己创造的存在所束缚。在审美生存中,应把思想创造活动作为生存的核心,借助于对美的追求与实践,把生存转化为审美活动的自由游戏。只有不断地更新创造,才能把生命转化成快乐和美本身。在对生存极限的体验中、在生命的冒险活动中,展开生命的创生活动。作为审美生存者,应尝试所有可能,让自己在生存的临界点挣扎,在生死交错中体验生命,在最吸引人的境域中体验个体存在的丰富内涵。只有在存在与虚无、有限与无限、在场与离场、生命与死亡之间反复往还,才会更加真切深刻地体验生的欢欣与创造的激情。

第六,审美生存所需要的孤独与自由只能在生存世界中实现。为了对审美生存进行选择,人可以在生存中选择孤寂。只有在最可能引起危险的地方,人才可能具备完全开放的心态与自由自在的胸怀。为了体验生存的真意,可以在荒无人烟的思想空间中徘徊,展开生存的各种冒险活动。追求审美生存的人,往往是比较孤独的人。孤独可以使人变得更加丰富,是涵纳无限的有限,是清冷孤寂中的热烈。在这种生存中,最关键的是他能否对生存进行创造性思考,生存能否按照创造性生存的欲望展开。

自由创造是审美生存精神的集中体现,这不是为了迎合他人的眼光与要求,而是为了敞开自己的生存本真状态,是为了培养生存创造的自由意志。外在的评论与他者的理解,不能影响对自身存在状态的质疑,审美创造是最大的欢喜,至于创造的结果是否产生功利的效益则不在考虑范围之内。为了获得创造的自由,应勇于在不同场合进行尝试,并为了新的创造而超越旧的创造,不断在新的冒险地带体验生存的极限。

余虹强调,只有用存在审美的形而上学取代传统的形而上学,生命才是审美活动的根基。"'形而上'活动的本源不在生命之外,而在生命之中。生命是生命自己的形而上根据,生命的自在性是真正的形而上性,如此的生命非他，艺术是也。"①

二　生存是审美的基础

第一，审美是对本真生存世界的解蔽。生存是审美的基础，审美扎根于生存。审美与生存之间，具有内在的、不可分割的联系。所谓审美，正如王夫之所提出的，"两间之固有者，自然之华，因流动生变而成其绮丽。心目之所及，文情赴之，貌其本荣，如所存而显之，即以华奕照耀，动人无际矣"②。正是在人的生存世界中，创造性的审美活动才得以展现，人的生活也变得充满诗意，审美就是生存真理的自行涌现。海德格尔曾经明确指出，美就是存在真理的现身过程，是对本真存在的解蔽③，是人在世界上最本源、最纯粹的存在状态的展现。

人之所以能够独立于动物之外而创造自己独特的生存方式，主要是因为在生存中对自身气质、生存风格、生活格调等方面的拓展。人的生存不仅仅是为了满足肉体的需要，还为了实现心灵与肉体、物质与精神的完美结合，充分体现人的精神与肉体方面的总体状况，展现每个人的思想修养、心灵素养。审美生存的风格体现为人如何处理自己与他者之间的存在关系，以及人对存在的态度，因此，生存是审美形成的基础，也是衡量审美生存最重要的标准。

第二，审美建立在生存世界开放性的基础之上。在生存中创建审美是审美生存的起源，生存是审美的基础。当存在的真理还没有被遮蔽时，真理即指人的生存状态是真实的、纯粹的、干净的，是能够让人感到幸福的。整个世界与所有事物都能够无所遮蔽地在人的存在中敞亮起来，世界本身与自然万物的本质自然而然地朝着人类彰显，并与人类建立了

---

① 余虹：《艺术与归家——尼采·海德格尔·福柯》，中国人民大学出版社，2005，第29页。
② 王夫之：《谢庄〈北宅秘园〉评语》，载《古诗评选》卷五。
③ 〔德〕海德格尔：《艺术作品的本源》，载《海德格尔选集》上册，孙周兴译，上海三联书店，1996，第276页。

纯粹的关系，把生存者与其所处的世界紧密地联系在一起，由此，人能够获得生存的美感。

生存对人的完全开放是实现审美生存的基础。只有当生存完整呈现时，主体与客体之间的人为界限才会被打破，人的本真存在才会涌现出来，人在世界上的审美生存才能建构起来。令人产生美感的东西，是那些将人从日常存在状态提升到审美生存状态的存在。随着存在的澄明，人从具体事物的狭隘视域中解放出来，达到亲临本然生存境域的审美境界。诗性生存的本然生存境域是人生在世的最高生存境界，超越了自然境界、功利境界、道德境界，进入了与天地大化同在的天地境界。在这种存在中，人与世界处于无拘无束、情景交融的自由审美状态，消解了主体客体之间的种种隔阂，达到了人诗意栖息的理想状态。

第三，思想真假的标准应以能否帮人探寻到本然的生存为准则。人类历史上充斥着各种真与假的思想游戏，借助于各种奇妙的思想游戏，可以寻找存在的诸多可能性。其中，那些能够引导我们按照本然面目生活的思想，即是真的和有价值的思想。但在现实生活中，思想往往成为某些人的工具，他们利用真假难辨的游戏性特征，借助各种权力与知识，通过玩弄阴谋诡计诱使人们进入其故意设计的圈套之中。历代统治者善于利用受众的话语权力，将有利于其统治的论述作为整个社会思辨认知的标准，将利益"正当化"的基础设定为社会认可的普遍原则。结果在少数人的统治之外，大部分人仍处于不真实的生存状况之中。

生存是审美的基础，但不意味着生存可以完全替代审美：是审美使生存的潜质变成了现实。现实生活中充斥着各种普遍标准化的陷阱，导致生存成为权力游戏、金钱游戏的附庸。由于现实生活中的不确定性与自然而然的存在状态，审美的实现只能依靠审美主体的创造性追求。美的展现不是守株待兔的过程，而是发现、投入、体验、鉴赏的过程。如果生存主体不具备审美超越的素养，则外物存在与人的生存就没有任何审美关联，审美生存自然也无从谈起。

第四，审美的丰富与否取决于生存世界展开的程度。实际上，真正的世界并不是我们通常所认为的与人的生存没有关联的客观世界，而是人生存其中并与人的存在有着复杂关系的世界。生存之所以成为审美的基础，审美之所以能够对人的生存产生魅力，是因为真正的生存与真正的审美一样，是在人与世界的遭遇中形成的。同时，人与世界遭遇得越全面、越彻底，人的生存就会越本然，人的审美就会更超越。海德格尔强调个体的人在世界上是一切存在的基础，如果没有人在世界中存在，一切都将是没有意义的。

生存之所以能够成为审美的对象，是因为生存中充满了惊奇和诧异，生存本身具有意想不到的可能性与丰富性。对于存在者来说，最关键的是还没有到来的现在或者已经成为过去的现在，现在的现在并不是人们所迷恋和惊喜的：在人的生存世界中，那些短缺的或者失去的才是最珍贵的存在。存在需要丰满，也需要对尚未拥有的存在展开探索，且成功的探索需要智慧和勇气的支撑。人类所渴求的存在，实际上是一种能够无穷尽地向四面八方散射各种存在的场域。在当下场域中，存在的我不是活在过去记忆中的我，而是一个冒险的、有破坏性的我，创造的是一种可能的存在。这种存在充满激情且具有各种不确定性，是内部存在向外部世界无限拓展的存在。即使有粉身碎骨的危险，人也应该毫不犹豫地继续展开新的探索。海德格尔认为真正的思想应该是没有固定方向的探索，虽然这种道路具有误入歧途的危险，但可以为新的生存开辟新的道路。

生存是审美的基础，这在现代西方哲学中也有明确的体现。尼采曾经指出，叔本华无法放弃形而上的生活方式，认为人一旦陷入了形而上学的思考，就再也没有力量从事身体运动了。[①] 尼采认为，只有在思维过程中有更加活跃、更加敏锐的身体的参与，才能产生真正的思想。他认为那种静观沉思的生活方式是没有生命力的，身体是完全可以而且能够尽情享受思想的。鉴于所有的偏见都来自内部，尼采强调不要相信任何并非产自户外自由活动的思想。[②] 真正的思想源于身体，身体在享受思想

---

① Matthew Rampley, *Nietzsche*, *Aesthetics and Modernity*. Cambridge University Press, 2000, p. 17.

② 〔德〕尼采：《看哪这人》，张念东、凌素心译，中央编译出版社，2000，第25页。

所产生的力量。实际上，此处的身体是指人的生存，人的生存是思想以及审美的基础。

三　生存是审美的归宿

第一，审美生存最终回到对身体的观照上。身体存在是人的存在的基础，生存是人的审美的归宿。之所以要费尽心思地选择适宜的生存方式，还是希望能够认真对待此世身体的存在。但重视生存是审美的归宿和身体存在的基础，并不是说身体可以简化为简单的肉体，而是以身体为基础对人的生存状态的完善。印度先贤所创经典《奥义书》记载了大量帮助人获得最高认识的生活方式与身体训练的技术。美国实用主义审美学者舒斯特曼曾经通过调息来说明身体关怀对于精神生存的重要性。他认为，人类对自己的呼吸关注较少，但呼吸的深度与节奏却是觉察我们情绪状态最可靠、最迅捷的途径。通过对呼吸的观察，可以意识到自身紧张、忧虑或者愤怒的情绪状态。意识到这些情绪，是不受其误导的前提。当慢性肌肉萎缩成为习惯的时候，它对我们行动的限制、它所带来的疼痛就会变成我们自身的习惯，但我们意识不到这种痛苦的存在。如果我们对此有比较清醒的认知，就有机会解决有损健康的问题，提高感觉的敏锐度、审美的敏感度以及愉悦的程度。[①]

生存方式是以身体的存在为基础确立的。对生存方式的观照，不仅仅涵盖了衣食住行等物质生活细节，还包括身体存在的微观意识细节。对身体的关注绝非享乐主义的谬误，而是强调存在对生存的最高认识、对感性认识的完善、对身体存在的敏感性等。无论是从身体细节着眼，还是从生活方式入手，其健康标准是以灵与肉的统一为终极参照的。传统上身体被分为上半身和下半身，永恒存在的上半身是短暂存在的下半身的源头，由此产生了对彼岸世界的向往，以及随之而来的对下半身的蔑视。尼采认为，彼岸、真实世界等概念是用来诋毁人的现实生存世界

---

①　〔美〕舒斯特曼：《生活即审美》，彭锋等译，北京大学出版社，2007，第187页。

的，灵魂、精神这些发明是用来蔑视肉体的，它们都使人无法专注于对现实生活的投入。①

第二，审美经验建立在身体存在状态的基础之上。对人来说，最真实的生存体验就是对身体存在的体验。身体的整体性是审美经验的主体，身体的自我是精神自我的源泉。康德为了追求知识的确定性、普遍性而消解了认知的个体性，用同质性的先天理性代替了现实中异质性的身体，把人的生存置于形而上学认识的旋涡中。尼采强调审美生存来自更为真实的身体体验，只有在身体活力四射的时候才会达到审美状态②，审美状态实际上是肉体快感与人性欲望的混合物。③

审美经验的差异性是由个体身体的差异性决定的，不应为了获得审美经验的普遍性而否定差异性是审美经验更重要的特征。这并不是否认审美静观是更具有意识特征、更具有精神维度的审美活动，而是强调即使是审美静观，也只有在肉体参与的基础之上才会成为可能。并且只有在考虑身体活动的前提下，才能更好地理解包括静观沉思在内的审美活动。审美活动与人生存的一切细节都是紧密关联的，如人的呼吸、姿势、心跳、情感、饮食、环境、空间、生存方式、紧张程度等，都能让人产生更加清醒的自我意识，从而使人的自我体验更细化、更具可感性。当今美学越来越重视感性认识的完善，并认真地对待人的身体。

第三，审美体验的强度建立在生存意志的基础之上。考虑到身体欲望是一切苦难的来源，所以应放弃对生命意志的坚守。审美体验离不开身体来源，即使是在审美静观中，肉体与欲望的参与也是不可或缺的。审美体验特有的甘甜和充实，包含着肉欲的成分。反对审美静观论对身体、性欲的否定，强调审美体验与性欲存在密切的关系，身体是审美体验的来源。虽然可以通过暂时摆脱意志和性欲获得解脱，但美所呈现出来的颜色、气味、芳香、有节奏的运动都表明了意欲的存在，最感性的

---

① 〔德〕尼采：《看哪这人》，张念东、凌素心译，中央编译出版社，2001，第157页。
② 吴眩：《论审美体验》，《学海》2000年第6期。
③ 〔德〕尼采：《权力意志》，孙周兴译，商务印书馆，2007，第450页。

可以上升为最精神性的，性欲与审美之间是相互促动的关系。① 艺术之所以成为美的化身，是因为艺术不是无目的之物，而是促成生命的兴奋剂。②

人自身就是美的原因，人自身的存在就是美的赠予。美和艺术本身不具备绝对价值，人自身的意欲和乐趣是美和艺术的根基与立足点。自在之美并不存在，美是人类完善自身存在的尺度。人在审美体验中，对美的崇拜实际上是对自身存在的崇拜，但往往会忘记自己就是美的源头。③ 不存在为艺术而艺术的审美观，审美活动与人的身体紧密相连：如果没有肉身的感性体验在内，那么人的艺术与青蛙的聒噪没有区别。④ 甚至可以说，"没有一个过热的生殖系统就没有拉斐尔"⑤。

美的体验有两个基本准则。首先，只有与人的存在相关的存在才有可能是美的。当然，这不代表审美上的人类中心主义倾向，而是防止审美走向为艺术而艺术的形式主义，走向与人的存在无关的审美活动。其次，美主要表现在人生命的健康与生存的提升上。并非人自然而然的存在就是美的，只有健康的生命、不断上升的存在状态才是美的，美是对人的生命力与生存状态的积极肯定，丑则是对人的生命力与生存状态的否定。

第四，审美生存的意蕴源自生存世界。生存是审美的来源，人的身体存在为审美注入了意蕴。尼采通过对酒神审美生存状态的阐述指明了最感性的与最精神的关联性，以取代康德关于审美在于形式而非感觉的传统观点，消除了审美主体的形而上学倾向，突出了单纯理性主体或意识主体的局限性。迷醉是艺术存在的前提，迷醉能够增强人身体感触的敏锐性，这是产生审美的重要条件；迷醉最原始和最古老的形式是性冲动，也包括节庆、比赛、胜利、挑战极限、精彩表演等活动中强烈感情、

---

① 〔德〕尼采：《偶像的黄昏》，卫茂平译，华东师范大学出版社，2007，第 136～137 页。
② 〔德〕尼采：《偶像的黄昏》，卫茂平译，华东师范大学出版社，2007，第 139～140 页。
③ 〔德〕尼采：《偶像的黄昏》，卫茂平译，华东师范大学出版社，2007，第 134 页。
④ 〔德〕尼采：《权力意志》，孙周兴译，商务印书馆，2007，第 1031 页。
⑤ 〔美〕Matthew Rampley, *Niezsche, Aesthetics and Modernity*. Cambridge University Press, 2000, p. 16.

巨大欲望所带来的迷醉。①

狄奥尼索斯的状态就是迷醉，因为其在审美活动中最大限度地调动了身体的参与，实现了"诗""乐""舞"的原初统一，突出了审美的身体性来源。在迷醉状态之中，外观身体与内在身体之间的隔阂被打破，感受中的身体与表演中的身体合而为一，感知、直觉、体觉等得到激发，使人能够调动包括口头语言、肢体语言、表情语言在内的一切表达手段。

第五，审美生存的动力源自人的生存渴望。现代美学应该建立在对审美主体的生理—心理学分析的基础上，同时也要注意保持限度。通过增强肉体的敏感性使人的整个情绪系统得到强化，激发肉体生命的活力，进而从最感性的存在上升为最精神性的存在，审美活动需要建立在人的身体存在的连续性的基础之上。从当代医学—生理学的角度来看，审美体验的高峰状态可以体现在身体激素分泌的变化上。离开人的肉身去单纯培育人的思想与情感是没有用的，人只有在接受肉体的前提下才能发挥文化对人的塑造作用，人的举止、饮食的调整、生理学的认识，是真正认识人并塑造人的开端。② 虽然生命的目的不是保持人的生命，但是只有如此才能够达到生命的目的，也只有张扬人的生命力才能够实现对人的生命的保持。通过消解人的欲望，来压制人的生命力，是不能达到生命目的的。

因此，在现代审美生存思想看来，生命的本质是自身生命力的不断增强与自我超越。尼采所强调的权力意志实际上是强化自身和自身力量的意志，借助于内在的提升，来改善生存状态。因此，权力意志从来不以身外的目标为追求，而是在不断返回自身的过程中实现对自身生命力的增强。③ 在这种生命的存在状态中，最重要的是凸显人的生命力量，借助于创造、给予以及自我强化超越欲求、索取以及自我保存的脆弱状态。

从审美存在的角度来看，激情与欲望是更为真实的实在，只有在激情与欲望中才能深切感触到自身的存在。所有的思想只是对欲望与激情

① 〔德〕尼采：《偶像的黄昏》，卫茂平译，华东师范大学出版社，2007，第122页。
② 〔德〕尼采：《偶像的黄昏》，卫茂平译，华东师范大学出版社，2007，第175页。
③ 汪民安：《尼采与身体》，北京大学出版社，2008，第126页。

的诠释，应成为理解人的审美生存的关键因素。① 从根本上来说，人只有在审美生存中才能够建立起自身与世界本体的关联：因为在审美过程中，宇宙的大我能够与个体的小我相连通，能够听见存在深渊的召唤，可以抵达万物存在的核心，使个体成为宇宙本体的化身。② 从这个意义上来说，非理性的体验而非理性的反省，才是抵达真实存在的通途。

---

① 〔德〕尼采：《论道德的谱系·善恶之彼岸》，谢地坤、宋祖良、刘桂环译，漓江出版社，2007，第151页。
② 周国平：《尼采与形而上学》，新世界出版社，2008，第191页。

第五章　审美之于生存

一切审美，首先是对自身生存状态的践行，是灌注于精神活动与身体活动中的生存风格，是日常生活中关怀自身的生活技艺。审美之所以能够在生存中发挥作用，就在于其能够将平淡无奇的生活变成具有艺术价值的审美体验。审美生存是语言、理性、技术、科学、劳动、文化产生的前提和条件，正是审美存在，使人类的创造物摆脱了沦为工具的危险。在这个意义上，审美是生存之拯救。下面就从审美是生存的目标、审美是生存的标准、审美是生存的意义三个角度进行阐述。

一　审美是生存的目标

第一，审美是回归本真性生存、整体性生存的途径。审美是人存在于世的目标，也是人得以超越世俗生活的凭靠。生活世界是人实现所有目标的场域，而且只有充满力量和无穷意蕴的生活世界才能帮助人实现生存的目标。审美，既是目标，又是途径，是人能够超越有限的世俗生活的凭借。被世俗生活所限制，最终导致的是人自身的异化。而这一异化又因人而起，正如陆九渊所说，从来都是人与宇宙割裂，而不是宇宙与人割裂。① 误入世俗樊篱，会造成人的存在的异化。人类的困境源于自身与世界的隔离，而自我意识的产生必然导致人与世界的隔离；但人与世界本来是一体的，二者的分离导致人处于生存的焦虑中，找不到立足

---

① 《象山全集》卷一。

之处，从而置身于虚无的深渊中。① 人与万物浑然一体是人本来的生存状态，但由于人对自我的执着，而不能摆脱自我的限制；由于人对当前存在的执着，而不能摆脱当下存在的限制，让自身融入了大全存在之中，丧失了生存的归宿感。②

审美生存是人寻找生存家园的重要途径。只有先超越当下的存在状态，才有可能消除和生存世界之间的隔阂，而审美生存提供了超越当下存在的途径。审美生存超越了对世界现成性的认识，也超越了个体存在的有限性，将人带入整体性的生存境域之中。依照海德格尔的理解，审美生存就是存在者在审美过程中"绽放"自己的存在，回归整体性、本真性存在的过程。审美生存可以使存在者超越存在者的视角，进入存在的世界之中，使人与存在的整体建立关联③，让存在者及其所生存的世界以本真状态显现出来。摆脱了个体存在的束缚，回到万物如一的本源生活世界中，保持并延续着人生存的整体性。

第二，审美是突破生存困境的通途。审美生存与生存超越关系密切，二者的相互促动引导人进入了自由的生存之境。审美生存是将人的生存带入无限自由之境、创造之境的根本动力。为了给自身生存提供更多的可能性，人应不断提升自己的审美能力，完善生存的审美维度。虽然人生道路漫长，但只要具备了审美生存的能力，就能在艰难困苦中、在险象环生中保持激情与坚定信念，并将之转化为奇妙瑰丽的生命历程。而审美生存体验，又将成为创造更加丰富、更加开放的生活世界的肥沃土壤，因为"有智慧的人并不寻求享受最长的时间，而是寻求享受最快乐的时间。……快乐是幸福生活的始点和终点。我们认为它是最高的和天生的善"④。

---

① 〔日〕阿部正雄：《禅与西方思想》，王雷泉、张汝伦译，上海译文出版社，1989，第11页。
② 张世英：《哲学导论》，北京大学出版社，2002，第337页。
③ 张世英：《哲学导论》，北京大学出版社，2002，第74~75页。
④ 苗力田主编《古希腊哲学》，中国人民大学出版社，1995，第647页。

审美生存，可以将人从困境中解救出来，在现实世界中创造美好生活。相对于科学技术而言，审美生存的创造能力具有重要价值：只有借助于审美生存，才能够将人生转化为审美的存在，使人的存在保持整体性、创造性的状态。人的生存本身是审美生存的基础，审美生存就是把生存过程视为审美与创造的过程，从而能够产生更多生存的意义。审美生存是把人自身的生存表现为美的生存的过程。在这一过程中，人既能够充分欣赏生存境域中的美，又能够用这些美的体验引导自己、教化自己，使自身的存在不断更新与完善。

第三，审美是生存技艺的实现过程。审美生存也就是生存的技艺，一方面，人的生存世界极其复杂，存在盘根错节的关联以及应接不暇的变化；另一方面，人自身也是一种时刻追求新鲜、渴望超越的存在者。因此，生存境域的复杂性，以及人自身对超越的渴望与追求，使人不会在现实中获得满足，而是在不断超越现实的过程中获得满足，人就是在有限的存在之中追求完善的存在者，人的欢欣与美丽也取决于对痛苦与艰辛的超越。

人的生存过程也是使人生艺术化、使生存审美化的过程，对这种人生技艺只有经历漫长的磨砺与淬炼才可能真正掌握。审美是生存的目标，因为只有在审美那里，生存世界才会有多种可能性以及使人痴迷留恋的存在感，从而既能摆脱主体自身的束缚又能够摆脱外界对自身的束缚。人借助于自身的实践智慧，借助于艺术般的生存技巧形成了特殊的生存风格，在漫长的更新历程中实现了对自身的关怀。人的生存是自由的、超越的，但这些特性只有在审美过程中才能够显现。审美是产生美的要求，也是提升生存技能的要求。

以审美为目标的生存，赋予了人生存的超越性与创造性。审美生存作为超越活动，不可能止步于某个层次，也不可能沉醉于某个结果。审美赋予生存的超越性，是无限度的、无止境的、无终点的，超越就是人生存的常态，这预示着人必然超越现有的一切，其中也暗含着对自己的超越。先哲亚里士多德早就指出，人对事物充满了好奇，因此生存中一直存在超越。审美的超越维度，赋予了人不断创新的力量。

第四，审美是生存超越的凭借。审美作为人生目标还体现为美与人的生存关系密切。不确定性会带来无限可能，美的不确定性会凸显人类生存状态的独特性，会为生存者带来改善生存环境的希望。此处的不确定性不是指审美是任意的，而是说审美处于不断的变化之中。

审美之所以能够成为生存的目标，在于其为生存的愉悦奠定了基础，为生存的创造性提供了动力，为生存状态的更新提供了超越的维度。以审美为目标，这有利于生存不断超越自我与重建自我。对于自我的生存状态来说，现在处于何方、状态如何并不是最重要的，最重要的是希望自己有什么样的生存状态、成为什么样的人以及愿意为之付出多少。

每个存在者都可以变成与原先的自己不同的存在者，人的审美生存的创造性，主要表现为更新自身的存在状态与改变世界的存在状态。唯有让生存充满创造性与可能性，才能充分彰显美的生存境界。对于生命来说，其最根本的特性就在于时刻专注于生命中的各种可能，时刻在对极限以及庸常的超越中释放生命的能量。

二 审美是生存的标准

第一，审美体验是衡量生存质量的标准。体验是经历的再创造，而经历是生命、生存与生活的动态呈现。体验是与生命、生存、生活关系密切的经历，生命就是在体验过程中所表现出来的东西，是我们所要返回的本源。① 体验具有展现生命的直接性，"所有被经历的东西都是自我经历物，而且一同组成该经历物的意义，即所有被经历的东西都属于这个自我的统一体，因而包含了一种不可调换、不可替代的与这个生命整体的关联"②。生命的体验具有整体性，"如果某物被称为体验，或者作为

---

① 〔德〕伽达默尔：《真理与方法》上卷，洪汉鼎译，上海译文出版社，1999，第 77 ~ 90 页。
② 〔德〕伽达默尔：《真理与方法》上卷，洪汉鼎译，上海译文出版社，1999，第 85 ~ 86 页。

一种体验被评价，那么该物通过它的意义而被凝聚成一个统一的意义整体"，"这个统一体不再包含陌生性的、对象性的和需要解释的东西"，"这就是体验统一体，这种统一体本身就是意义统一体"。① 因为，"只有在体验中有某种东西被经历进而被意指，否则就没有体验"②。

审美生存是体验的标准。"审美经验不仅是一种与其他体验相并列的体验，而且代表了一般体验的本质类型"③，因为审美体验所产生的意义是对生命整体意义的代表，"一种审美体验总是包含着某个无限整体的经验"④。审美生存实际上是自我生命整体的经历，"身之所历，目之所见，是铁门限"⑤。当前，直接真实的审美是体验的核心内涵。因此，人可以"触目会道"⑥，因为道"只在目前"⑦，"十世古今，始终不离于当念；无边刹境，自他不隔于毫端"⑧。最真实的世界就是眼前的世界，人生的意义体现在当下显现的感性世界之中。现在的瞬间是可以构成完整的意义丰满的世界的，"有已往者焉，流之源也，而谓之曰过去，不知其未尝去也。有将来者焉，流之归也，而谓之曰未来，不知其必来也。其当前而谓之现在者，为之名曰刹那；谓如断一丝之顷。不知通已往将来之在念中者，皆其现在，而非刹那也"⑨。过去的并未消逝，将来则必定会来临，过去、将来都在现在的念中，都是现在，因此刹那并没有中断人生的过程，而是把过去与将来都凝聚在当下，使之显现为一个完整的世界。

第二，审美意象是瞬间永恒状态的凭借。胡塞尔"现象学时间"的思想也论证了当前世界的完整性。"绝对不可能有一个孤立的'现在'，因而

---

① 〔德〕伽达默尔：《真理与方法》上卷，洪汉鼎译，上海译文出版社，1999，第83～84页。
② 〔德〕伽达默尔：《真理与方法》上卷，洪汉鼎译，上海译文出版社，1999，第94页。
③ 〔德〕伽达默尔：《真理与方法》上卷，洪汉鼎译，上海译文出版社，1999，第89页。
④ 〔德〕伽达默尔：《真理与方法》上卷，洪汉鼎译，上海译文出版社，1999，第90页。
⑤ 王夫之：《姜斋诗话》卷二。
⑥ 普济：《五灯会元》卷五，中华书局，1984，第255页。
⑦ 普济：《五灯会元》卷三，中华书局，1984，第166页。
⑧ 《古尊宿语录》卷十一，中华书局，1994，第179页。
⑨ 王夫之：《尚书引义》卷五。

也就不可能有传统的现象观所讲的那种孤立的'印象';任何'现在'必然有一个'预持'(前伸)或'在前的边缘域',以及一个'保持'(后伸)或'在后的边缘域'。它们的交织构成具体的时刻。"① 这样,意向性行为就有了一种潜在的连续性、多维性和融惯性,成为一股连续的湍流。所以胡塞尔说:"直观超出了纯粹的现在点,即它能够意向地在新的现在中确定已经不是现在存在着的东西,并且以明证的被给予性的方式确认一截过去。"②

海德格尔关于瞬间(时间)"超出"的特性也阐述了当前世界的完整性。时间之间是没有距离的,瞬间是人类社会存在、演化最突出的表现,人类的生存历程寄身于瞬间之中;实际上,瞬间没有任何静止、停滞的意味,而是在历史驱使与未来牵引之下川流不息、变动不止,其最明显的特征就是超出自身的存在。③ "超出"或"超出自身"是瞬间的特性也即时间的特性,其中,遮蔽与澄明、自身与他者、内在与外在、连续与断裂之间的界限被打破,生存世界成为一个拥有无限生成可能的整体。④正是由于时间总是超出自身,人才能超出自身而融于世界,人生才有了意义和价值,而不致成为过眼云烟。

第三,审美融通是整体性生存的体现。审美生存的"现在"特性,具有瞬间性、连续性与历史性。审美生存中的"直接融惯性"⑤ 可以带来"意义的丰满",正如伽达默尔所言,"一种审美体验总是包含着某个无限整体的经验"。所以,审美生存的瞬间可以显现无限和永恒。在审美观照中,人的精神意识领域只存在单纯而完整的审美意象,微不足道的尘埃可以变成大千世界,瞬间能够演化为永恒。⑥ 审美生存其实就是投入对现在的把玩之中,生存于此时、此地、此心,在当下的生存瞬间中实现对

① 张祥龙:《当代西方哲学笔记》,北京大学出版社,2005,第193页。
② 〔德〕胡塞尔:《现象学的观念》,倪梁康译,上海译文出版社,1986,第56~57页。
③ 张世英:《哲学导论》,北京大学出版社,2002,第336页。
④ 张世英:《哲学导论》,北京大学出版社,2002,第336页。
⑤ 张祥龙:《当代西方哲学笔记》,北京大学出版社,2005,第192页。
⑥ 朱光潜:《文艺心理学》,载《朱光潜美学文集》第1卷,上海文艺出版社,1982,第17页。

生命可能的极大开拓。就好像王子猷即使是暂时借住他人的空宅，也要求马上种上竹子，因为"何可一日而无君"。①

审美是衡量生存质量的标准。生存是学会鉴赏生存境域之美的过程，也是展现并创造自身之美的过程。只有在审美中，人才能实现生存的最高目的：在人生的风云变幻中创造并欣赏美。生存的不确定性与超越性，成就了生存美的创造性与变幻性。正是在审美生存修炼的过程中，实现了主体世界与生存境域的融合、促动，且创造性与变幻性之间的对立统一使人的审美生存通过富有魅力的生存游戏展开。

第四，审美超越是生存超越之践行。审美作为人生的标准以问题化形式展开。为了能够摆脱庸常生活的束缚，存在者需要不断质疑自身的存在状态，并探明使生存状态得以可能的条件。为了达到这个目的，需要以下几个方面的努力：首先，应对自身存在状态有待改善的可能性保持热忱，意识到现实中的问题所在，并保有敢于探寻存在的勇气；其次，应在问题设计中将自身存在与世界存在紧密联系起来，以便既能够从自身出发筹划世界又不受现存世界的限制。

审美之生存，体现在生活的不断变化之中，但这不意味着人的生存是随意的编撰，而是试图改善当下的生活以丰富自身的精神生命，得到感性与智性的满足。为了达到这样的存在，存在者据以思考的问题应是人对自身的存在、作为及其生存境域需要什么条件，只有这样才能够提出疑问，没有质疑的人是几乎没有可能进入审美生存的。只有那些能够随时质疑自身的生存状态，敢于打破陈旧的存在状态，并不断更新自我存在的人，才有可能创造自身更好的存在，从而提升生存的审美层次。

第五，审美批判是生存批判的落实。审美生存的核心即关怀自身的原则也要通过对生存的质疑来实现，这是认识到生存状态得以形成的条件。只有从这些条件出发改造现实生存所依赖的世界，才能改善生存世界并改善人的生存状态。并非像极端怀疑主义那样否定一切，而应从人

---

① 宗白华：《论〈世说新语〉和晋人的美》，载《艺境》，北京大学出版社，1987，第136页。

的生存出发并为了完善人的生存而怀疑。怀疑是达成存在之美的一种技艺，它意味着存在者开始反思自身，将所有的知识与公理都纳入真诚批判的范围，时时刻刻将对真理与审美的反思、批判与完善作为目标，并使之成为生存的态度与思维的范式。进入存在本身的存在者都拒绝现成的真理，并非常警惕自己手中的真理。

对自身生存状态的改变与完善并非任意为之，因为难免会产生错误。但错误本来就是生命活动的组成部分，生存实际上是在不断尝试新的存在，也就是让存在者善于犯错，使犯错成为改善存在者状态的尝试。正是因为现实存在之中总是发生这样或者那样的错误，存在者才有必要不断更新与改变。因此，错误为存在提供了更多的可能性，并为人的审美生存做了准备，即在对错误的改正过程中，存在者的生存成为存在的存在。存在者的进步，在于对之前错误的改变，对脱离本真存在状态的回归。

第六，审美可能是生存可能的展开。应对自身生存的可能性进行探索，创造性地寻求现实生存条件下的可能性，敢于质疑与批判现实生活中存在的种种情况，并能将之转化为实际生存中重构自身存在的实践，在改造生存境域的同时，完善自身的内在状态。审美生存所需要的批判是创造性批判，亦即在对自身的关怀与改造中，真切体验到生存之美，并使其达至审美境界。

从实践的维度而言，审美生存实际上是关怀自身的技艺，使自己作为自身的主人，审慎与明智地引导自身的生存。所以，对于自身生存的主观因素，如欲望、技能、情感、爱好等，既要顺应本能的需要又要有意识地自我节制，使自身欲望、情感的满足与外界的关系相协调。每个人都是社会人，人必须在社会中才能够生存与发展，所以只有遵守社会中早已形成的规则、制度，才能够妥善地处理与他人的关系。在这个过程中，人面临着处理他人关系与对待自身态度的双重标准问题。这也是审美生存要提高生存技艺的原因所在，即希望借此协调自身与他者之间的关系，尽可能地体验生存之完整与和谐。

审美是生存的标准最终落实为对自身欲求的适当调控。适当调控意味着：一方面，存在者不能未加思索就接受所有规范，使自身成为温顺的良民；另一方面，存在者也不应该放纵自身的欲求并任其驱使，使自身成为肉身的婢女。"幸福的生活，就是符合自己的本性的生活！但是要做到这一点，必须精神健全，而且要经常保持健全；它必须坚强刚毅，有良好的教养，坚韧不拔，必须能够适应情况，必须考虑到身体的需要，却又不必为担心身体而过分忧虑。"① 审美生存应该在生活境遇与过程中绽放生存之美，学会适当调控自己，把握批判意识、创造精神与文化传统、社会规范之间的张力，既能够满足生存境遇的要求，又能够满足自己的诉求。

三　审美是生存的意义

第一，审美是提升人类生存境界的重要途径。人和动物之间有很大不同，主要表现为人有精神生活的要求。人能够从实用中解放出来，从现实的物质生活实践中抽离出来，使生存状态达到一定的审美境界。审美活动是一种以意象世界为对象的人生体验活动，它照亮了人的日常生活，使之充满诗意，超越有限的"自我"和"当下"的生活天地，恢复人与世界最初的、最亲密的、最切近的存在关系，从而实现精神境界的提升并获得生存的喜悦。这种回归与超越、喜悦与切近，是人性发展的精神需求，也是人的精神世界发展的客观需要。

审美超越是人丰富知识层次的重要渠道。一般说来，知识主要分为两种类型：一种是关于世界上具体事物的知识，如植物如何更好地成长，这是为了满足人类物质生活需要而产生的知识；另一种是关于宇宙人生等根本问题的探讨，如真、善、美的本质是什么，人生的意义在哪里，这是为了满足人类精神生活需要而产生的知识。前者是人类维系生存所必需的知识，后者是人类获取生存意义所必需的知识。只有超出现实生

---

① 〔古希腊〕塞内加：《论幸福的生活》，载北京大学哲学系编译《西方哲学原著选读》上卷，商务印书馆，1981，第190页。

活的需要，人类才能够恢复自由的本性。亚里士多德之所以在《形而上学》开篇提出"求知是人类的本性"，主要是为了强调人类具有超出现实生活的自由本性的追求。正如诠释学大师伽达默尔说的那样，"人类最高的幸福就在于'纯理论'"，所以，"出于最深刻的理由，可以说，人是一种'理论的生物'"。①

审美生存是提升生存境界与深化生活意义的重要凭借。首先，审美生存有利于促进自身的人格修养、提升日常生活的生存境界和增强生存审美的自觉性，通过审美活动创造更有情趣、更有意义和更有价值的生活。同时，也可以借助于超越现实存在的审美思考，对于生命及其存在的根本性问题进行深入探索，获得人生的大智慧。审美生存的过程，实际上是满足精神需求、丰富精神生活、超越个体生命存在的过程。经过审美生存的塑造，有利于引导人不断提升自己的精神境界，培养自身的气度与胸襟，从而在日常生活中有更多存在的可能。

第二，审美是生成存在意义的源泉。用美的眼光审视周围的事物会使生存世界变得意蕴丰富。在海德格尔看来，凡·高所画的鞋绝非物理的实在，而是对充满意蕴的世界的再现："从鞋具磨损的内部那黑洞洞的敞口中，凝聚着劳动步履的艰辛。这硬邦邦、沉甸甸的破旧农鞋里，聚积着那寒风陡峭中迈动在一望无际的永远单调的田垄上的步履的坚韧和滞缓。鞋皮上沾着湿润而肥沃的泥土。暮色降临，这双鞋底在田野小径上踽踽而行。在这鞋具里，回响着大地无声的召唤，显示着大地对成熟的谷物的宁静的馈赠，表征着大地在冬闲的荒芜田野里朦胧的稳靠性的无怨无艾的焦虑，以及那战胜了贫困的无言的喜悦，隐含着分娩阵痛时的哆嗦，死亡逼近时的战栗。"② 审美生存揭示了世界的情感性质。"审美对象以一种不可表达的情感本质概括和表达了世界的综合整体：它把世界包含在自身之中时，使我理解了世界。同时，正是通过它的媒介，

---

① 〔德〕伽达默尔：《赞美理论》，夏镇平译，上海三联书店，1998，第26页。
② 〔德〕海德格尔：《艺术作品的本源》，载《海德格尔选集》上册，孙周兴译，上海三联书店，1996，第254页。

我在认识世界之前就认出了世界，在我存在于世界之前，我又回到了世界。"①

在审美生存世界中，必定是情与景的相互交融。因为在人与万物一体的生活世界中，人的命运与世界万物的存在是息息相关的，这是人类生存本源的经验世界。当审美生存进入人的生活时，必然包含着人的情感与情趣，"审美对象所暗示的世界，是某种情感性质的辐射，是迫切而短暂的经验，是人们完全进入这一感受时，一瞬间发现自己命运的意义的经验"②，"审美价值表现的是世界，把世界可能有的种种面貌都归结为情感性质；但只有在世界与它所理解的和理解它的主观性相结合时，世界才成为世界"③。正是包含着人的生存的经验世界（即生活世界），决定了审美世界必然是一个情景交融的世界。所以，审美世界一方面显现的是一个真实的世界（生活世界），另一方面显现的是一个特定的人的世界。总之，审美生存是以一种具有情感性质的形式来揭示世界的某种意义，这种意义"全部投入了感性之中"。"感性在表现意义时非但不逐渐减弱和消失，相反，它变得更加强烈、更加光芒四射。"④审美世界所呈现的就是人的生活世界，是赋予了情感、意义和价值的生活世界。

第三，审美是澄明当下存在的途径。审美生存是澄明人的生存的客观要求。只有回到世界整体中的人，才能明确人的存在意义，如果没有世界，人是没有意义的。正如美国当代哲学家蒂利希所强调的，"没有世界的自我是空的，没有自我的世界是死的"，只有当人与世界相互融合时，人才能使存在变得澄明，使自己的存在成为世界万物的"展示口"。王阳明也做过类似的阐释，"天地万物，与人原是一体，其发窍之最精处，是人心一点灵明"。

在审美生存中，人和世界万物的关系是内在的，人存在和融会于世

① 〔法〕杜夫海纳：《美学与哲学》，孙非译，中国社会科学出版社，1985，第26页。
② 〔法〕杜夫海纳：《美学与哲学》，孙非译，中国社会科学出版社，1985，第28页。
③ 〔法〕杜夫海纳：《美学与哲学》，孙非译，中国社会科学出版社，1985，第32页。
④ 〔法〕杜夫海纳：《美学与哲学》，孙非译，中国社会科学出版社，1985，第31页。

界万物之中的是"灵明"的聚焦点。人与世界万物之间是相互促动、共同存在的关系，而非传统观念中认识与征服的关系。人与世界万物是相互交融的关系，人作为有情、有意、有本能、有下意识等的存在物，与世界万物构成了一个有机的整体，形成了人存于其中的生活世界。这个生活世界就是人与万物相通相融的现实生活的整体，是具体生活的非对象性的整体。① 在海德格尔看来，人在认识世界万物之前，就已经与世界万物融为一体了。在这个意义上，人与世界的融合交通是第一位的，而人作为认识主体、实践主体是第二位的，第二位的关系只能在第一位的关系的基础上才能够产生。② 审美生存本身是通过体验来把握整体的生活世界，并在这个世界中实现人与世界的交融。

第四，审美是实现生存自由的动力。审美之所以是生存的本质，是因为审美彰显了生存的价值与意义。人生在世，自由是生存之根基，审美则是实现自由的动力与基点，是自由的最高表现，是意义的基本载体。在审美过程中，人能够摆脱现实世界的纷扰，进入自由的生存境域，最大限度地挖掘人的可能性，加强存在者对自身存在价值的认知，最终使人的生存变得富有诗意。

审美是在人的生存的基础上决定人的生存状态的。人的欲求、兴趣是美的根基，这是审美最根本的真理。虽然现实生活是审美变化的重要原因，导致审美的形式、标准不同，但美是生存者的最高价值是确切的。尤其是进入现代世界之后，传统生活世界的明朗化不复存在，现代世界的不确定性逐渐凸显，审美形式也更加多样化。

第五，审美是生存经验的升华。审美经验并非生存经历的被动积累，也非生存历史的主动建构，而是当下生存境域中实践的内在构成，是生命历程的升华。

存在者总是尝试摆脱具体环境的约束，创造新的环境与新的自我。存在者的言、思、行以游戏的形式存在，并在自我生产中不断发展。达

---

① 张世英：《哲学导论》，北京大学出版社，2002，第3~5页。
② 张世英：《哲学导论》，北京大学出版社，2002，第7页。

到审美生存状态的人，不但能以积极的态度对待命运，还能使自己的生活艺术化，精通生存技艺者通过反思性实践不断创造。存在者一方面自主确定行为准则，另一方面努力改变自身存在，按照更加本真的方式铸就自己，使自身生存成为独特的艺术创造。

第六章　审美生存的逻各斯

审美生存的逻各斯，亦即审美生存最关键的要素。在审美生存中，最核心的要素是生存、审美以及作为二者载体的存在者。因此，本章主要从生存是审美的根源、审美是生存的升华、个体是审美生存的载体三个方面，阐述审美生存的内在逻辑。

一　生存是审美的根源

第一，审美寄寓在生存境域之中。"美"离不开人的生存，世界上并不存在外在的、实体化的"美"，只有在关乎人的生存中，才能够找到"美"的根基。"夫美不自美，因人而彰。兰亭也，不遭右军，则清湍修竹，芜没于空山矣。"① 之所以能够产生审美的对象，是因为只有经由人的审美活动去"发现""唤醒""绽出"，才能够形成一个有意蕴的、完整的感性世界。虽然客观世界并不依赖于审美者的存在，但审美的生成离不开人的审美体验。在审美活动中，审美客体的价值就在于通过其特有的存在形式唤醒审美主体的审美经验，使人与天地万物相统一。

审美具有人作为存在者的创造性。在审美活动中，物本身的科学属性及其有用性并不会被注意到。审美者所关注的是"象"，亦即审美对象与审美主体的形式相结合的产物。随着时空的转换以及审美主体的变更，"象"所构成的知觉世界是不断变化的。"象"是物对人的知觉的呈现，

---

① 柳宗元：《邕州柳中丞作马退山茅亭记》。

是对物所包含的意蕴的揭示。"象"的形成离不开审美者生命存在的灌注。"事物的实在是事物的作品，事物的现象是人的作品。一个以显现亏了的人，不再以他感受的事物为快乐，而是以他所产生的事物为快乐。"①审美生存，是对存在的发现、照亮、创造。审美生存所观照的世界，是审美主体自己所创造的世界：世界的差别就是生存主体的差别，深入生存之人能够窥见本真生存的深渊，浮于生存表面之人只能看到本真生存的假象，生存世界是否呈现为激动人心的生存境域，关键在于审美主体自身的素质。②

第二，审美的实现需要生存模式的转变。

只有突破了主客二分模式以及实体性，自我才能够进入审美生存之中。中国传统的禅宗美学在主客二分模式以及实体性自我方面有着更加积极的尝试。在北宗禅那里，神秀与慧能之间的争论就体现了这一点。神秀认为，"身是菩提树，心如明镜台，时时勤拂拭，勿使惹尘埃。"③ 他把"自我"变成了与他物、他人相对立而存在的对象化、实体化的自我。慧能则强调"心物无二"，认为所谓的"心"就是人们当下念念不忘的现实的心，既不是实体也不是对象，而是"无念""无住""无相"的。只能通过此心此念所体现的宇宙万物来显现，是无法直接把握的。

唐朝青原惟信禅师的偈子对此做了很好的说明，前三十年不能对生存有所体悟之时，眼中的山水仅仅是山水；后来在善的引导下，逐渐意识到眼中的山水并非只是山水；后来寻找到了生存的根基，悟到眼中的山水确实还是山水。④ 在第一个阶段，主体与客体分别被实体化，万事万物之间是彼此独立的。在第二阶段，主体把自身绝对化，除了主体之外的存在都不是真实的，在一定程度上实现了对外在存在的否定。在第三阶段，超越了主客对立关系，人们得以窥见世界的本来面目，世界在人的心灵中本然地呈现出来，达到"心物不二"的审美境界。"只有这种非

---

① 〔德〕席勒：《美育书简》，徐恒醇译，中国文联出版社，1984。
② 朱光潜：《诗论》，上海文艺出版社，1982，第55页。
③ 参见《六祖坛经》。
④ 普济编《五灯会元》下册，中华书局，1984，第1135页。

实体性、非二元性、非超验的'真我'，才不至于像主客二分中的日常'自我'那样执着于我，执着于此而非彼，才不至于把我与他人、他物对立起来，把此一事物与彼一事物对立起来，从而见到'万物皆如其本然'。"① 万物的本然面目在人非功利的心灵中得到显现和澄明，没有审美的心灵，万物的本然面目就无从显现，"凡所见色，皆是见心，心不自心，因色固有"。

第三，审美是心灵与万物之间的沟通。只有生动活泼的审美的心灵，才能够照亮生生不息的万物一体的世界。"心"是照亮世界的生存诗意的源泉。这里的"心"不是实体性的心，而是人的生存中最空灵的部分，它使世界万物如其本然地得到显现和照亮。正如宗白华先生所言："一切美的光来自心灵的源泉：没有心灵的映射，是无所谓美的。"② 中国宋元山水画之所以能够成为"世界最心灵化的艺术，而同时也是自然的本身"③，是因为"中国宋元山水画是最写实的作品，而同时是最空灵的精神表现，心灵与自然完全合一"④。审美生存的构建，就是在现实的具体的物理世界之外建构一个情景交融的意象世界，即所谓"山苍树秀，水活石润，于天地之外，别构一种灵奇"⑤，从而获得超越日常生活的审美世界，"一草一树，一丘一壑，皆灵想之独辟，总非人间所有"⑥。朱光潜先生在其《诗论》中强调，审美境界产生于物我两忘之际，"凝神观照之际，心中只有一个完整的孤立的意象，无比较，无分析，无旁涉，结果常导致物我由两忘而同一，我的情趣与物的意志遂往复交流，不知不觉之中人情与物理相互渗透"。

审美实际上是人的心灵与世界万物的沟通，美是主客体交融的产物。"美与艺术的源泉是人类最深心灵与他的环境世界接触相感时的波动"，审美生存是借助于对宇宙人生中具体的秩序、节奏、色相、谐和的体味，

---

① 张世英：《哲学导论》，北京大学出版社，2002，第 95 页。
② 宗白华：《中国艺术意境之诞生》，载《艺境》，北京大学出版社，1987，第 151 页。
③ 宗白华：《中国艺术意境之诞生》，载《艺境》，北京大学出版社，1987，第 84 页。
④ 宗白华：《中国艺术意境之诞生》，载《艺境》，北京大学出版社，1987，第 83 页。
⑤ 方士庶：《天庸庵随笔》（上）。
⑥ 恽南田：《题洁庵图》。

映照内在最真实、最深刻的自我，使生存世界中的事物与形象成为人的精神的象征，把最高的存在理想转化为直接可触的现实。[①] 心灵的映照是审美生成的源泉[②]，正是人的创造，使世界万物能够在自由自在的感觉里表现自己。审美既是万物形象韵律的体现，也是从人的内在流出来的。艺术表现为人类为山川之美代言，借助于对世界万象的映照，实现外在生存境域与内在生存情趣的相互渗透、相互融合，从而形成活泼灵动、深邃开阔、舒畅通达的生存境域。[③]

第四，审美是性情与环境交融的产物。宗白华先生认为审美生存的意象乃是"情"与"景"交融的产物，并且"情"与"景"在相互渗透中相互促成，呈现出更加全面的"景"与更加深沉的"情"。借助于"景"的渗透，"情"被挖掘出来；凭借"情"的感染，"景"被呈现出来。"情"与"景"的完美交融使外在的"景"中充满了"情"的元素，使内在的"情"以具体生动的形象显现，从而形成了超然日常生活的审美意象，获得了与众不同的宇宙体验，创造了崭新、丰富的生存状态，而这一切都是审美生存所创造的。[④] 这是一个虚灵世界，"一种永恒的灵的空间"。在这个虚灵世界中，人们能了解和体验人生的意味和情趣。

最能体现中国审美生存思想的艺术形式是宋元时期的绘画艺术。宋元时期的绘画艺术把心灵美与自然美融为一个整体，把对外在自然的真实描摹与对内在心灵的细致表现完美地结合在一起。可以从一粒尘沙中窥见整个世界：几朵桃花就可以带来天地之间无限的春色，几只水鸟就能够呈现生存世界的勃勃生机。一草一木有着无限的生存意蕴，一鸟一花可以构造无尽的生存意境，人在其中可以获得安然自足的生存体验：入世而不沉坠，超脱而不蹈虚，在极度写实中体会气韵生动的空灵，在

① 宗白华：《介绍两本关于中国画学的书并论中国的绘画》，载《艺境》，北京大学出版社，1983，第71页。
② 宗白华：《中国艺术意境之诞生》，载《艺境》，北京大学出版社，1983，第151页。
③ 宗白华：《中国艺术意境之诞生》，载《艺境》，北京大学出版社，1983，第151页。
④ 宗白华：《中国艺术意境之诞生》，载《艺境》，北京大学出版社，1983，第153页。

超越自然中拉近与自然的距离，在本然中实现心灵的栖息。①

审美是在人的生存境域中，由内在世界与外在世界的融通所创造的独特世界，是宇宙万象在人的心灵中所展现的世界，是显示人的情趣、意味、价值的灵境。审美生存是在现实生存中有智慧的存在，是待人接物时的自然豁达，是恰如其分的审时度势，是面对艰难状况时的理智应对，是他者环绕中的圆融通达，是自身与他者从容协调的自由自在。

第五，审美危机是生存危机的具体体现。现代社会中人的生存状态已被科技与经济转化为消费文化的生存模式。人的享乐、游戏、创作都被消费所主导，整个社会的存在状态与消费文化息息相关。既存在犬儒主义的风险，又存在创造与欣赏美的机会。消费不仅仅与经济有关，也与文化、艺术有关。在消费中生活，在生活中消费，消费文化的渗透促使生存逐渐演变为审美的过程。由于消费文化存在于现代社会的所有领域，人的生活亦成为文化的重要组成部分，生活艺术化成为趋势。生存不仅需要舒适，也需要审美，审美成为生存的重要内容。消费生活的推动，使生活更加风格化和审美化。

现代审美文化中对身体与性的无限推崇是审美根源的又一表征。在现代流行文化生产与再生产的过程中，性与身体成为现代流行文化运作的杠杆，这意味着身体拜物形态的萌生与发展，使现代人受到肉体的盲目崇拜，灵性与精神被肉体所牵绊，审美的生成与更新试图借助于身体与性的活动得以实现，灵魂的教化作用被身体取代，并成为审美的核心。消费成为文化的基础，使生存风格成为新的重要的审美对象，打破了传统审美中的身心平衡。

第六，审美是本然生存状态的必然要求。生存作为审美的根源是通过语言以及各种象征性手段来实现的。借助于语言以及各种象征性手段，人对自身的关怀成为现实。审美境界的提升，需要运用语言以及各种象征性手段。因为语言游戏是在无意识中进行的，审美生存也是在无意识中形成

---

① 宗白华：《介绍两本关于中国画学的书并论中国的绘画》，载《艺境》，北京大学出版社，1983，第83~84页。

的。从此出发，审美生存实践取决于生存的经验以及使用语言的技艺。

从生存是审美的根源出发，人的审美生存需要回到人的日常生活世界。生活世界是指存在者的原初世界，是现实世界中与人的生存有着直接关联的境域。这个境域是存在者得以生成存在者的世界，也是存在者寄寓其中的世界。其见证了人的生存与发展，蕴含着人的欢欣、痛苦、艰辛与渴望。审美生存有利于改变习惯性生存状态以及传统的二分化思维模式，重回生存的源头，解蔽被遮蔽的本源世界，重构人与世界交融的生存境界。

中国传统的审美思想中，同样强调生存是审美的根源。如孟子就提出，大人格是儒生修养的目标。孟子所认为的美就是人格之美："可欲之谓善，有诸己之谓信，充实之谓美，充实而有光辉之谓大，大而化之之谓圣，圣而不可知之之谓神。"[①] 孟子将人格分为六个阶段：可欲之善，每个存在者应该追求符合仁义的东西；有诸己之信，言行一致、遵守诺言；充实之美，将仁义礼智灌注于生存的方方面面，做到对德性自然而然的遵从；充实而有光辉之大，使存在者的德性人格影响周围的生活世界；大而化之之圣，存在者具有极为强大的感染教化力，足以改变社会风尚；圣而不可知之之神，指化育天下却无人知晓。为了实现审美生存，孟子强调要"善养吾浩然之气"，因为"其为气也，至大至刚，以直养而无害，则塞于天地之间"[②]，能够使存在者的道德目标与情感体验相协调进而保持勇猛精进、日新月异的生存状态。经过"配义与道"[③]，将理性悟道与实践行道相结合，使生存之美得以充分展现。

二　审美是生存的升华

第一，审美是生存超越的集中体现。在审美活动中，人的超越内容、方向、本性会得到充分的彰显。具体表现为宗教、哲学、艺术、科技等

---

① 参见《孟子·尽心下》。
② 参见《孟子·公孙丑上》。
③ 参见《孟子·公孙丑上》。

活动中人的创造，审美的超越贯穿始终，是一切超越的灵魂。审美超越是对宗教、哲学、艺术、科技等一切超越活动的引导和落实。

审美是人类生存实践的基本原则，也是生存的最高目标与维护生命尊严的基本途径。审美是使人保持好奇心并展开探索的核心要素与根本动力，不是为了满足对知识的渴求以及对利益的获得，而是为了生存艺术化的探索，生存的艺术化是人的根本特征。借助于审美好奇心的充盈丰富，人的生存得以更新，对自由的渴望不断得到满足。正是在审美活动的创新之中，人得以彰显自己的价值，并维护自身的尊严，实现对审美自由的不懈追求。

第二，审美是生存自由的具体象征。审美自由的无止境，使审美不可能止步于对具体的审美快感的满足。明确清晰的画面，不能使我们满足；只有通过更加深入的观看与体验，才能体验到审美自由的无限性。审美所追求的是生存的最高自由，是没有界限、没有止境的自由，而不仅仅是对知识和道德的追求。尽管审美超越存在很大的风险，但不能阻止人们对此展开探索。

审美超越无视科学规律与道德规范的限制，以突破世俗常规、颠覆既定规律为快感。从现实生存境域中的具体目标开始，借助于想象与创造具体的生存境域，追求当下不在场的新的生存境域。

审美贯穿于人的整个生存过程和生存实践本身。审美不能仅仅从主客体二元分化的立场出发，否则就会降低审美的自由度。审美的自由性以及本身存在的无止境的超越性，是生存本体论的客观反映。人的生存本质是自由自在的创造，审美则把这种创造性付诸实践。

第三，审美是人生艺术化的要素。审美是生存的升华，人生的存在要经历艺术化的过程。下面以梁启超、王国维、蔡元培为例做简要说明。

梁启超认为美是生存中不可或缺的要素，是生命得以实现的根本动力，也是一个群体保有良知和智慧的前提条件。审美的熏陶与情感的营养，为人的精神活力、灵性存在提供了保障，从而产生了更多存在的可能。他认为情感对人具有极大的吸引力，但是情感存在盲目的、丑恶的可能性，因而对情感的教化就至关重要，"所以古来大宗教家、大教育家，都最注意情感的陶冶，老实说，是把情放在第一位。情感教育的目的不外将情感善的、美的方面尽量发挥，把那恶的、丑的方面渐渐压服淘汰下去。这种工夫做得一分，便是人类一分的进步"①。情感教化使社会生活与审美活动得以可能。

对情感的教化则是通过艺术的审美活动来实现的，这是文学艺术在审美教育活动中发挥作用的体现。如其在《论小说与群治之关系》中强调，艺术可以借助于情感触动人心，从而影响人的存在状态。这种影响借助了具体的形象，容易对人的精神产生长久的影响，从而起到转化性情的作用。正是意识到艺术情感教育的重要性，他才强调文学艺术的更新是改善人的生存状态的前奏。

梁启超认为美在社会生活中至关重要。没有审美，人的生存就难以彰显，甚至生存就不会成为人的生存。美的趣味是生命活动的动力源泉。他提倡以审美趣味为代表的情感教育，认为艺术是情感教育的利器，审美教育能够提升人的素养与民族的品质，为艺术而艺术也是为人生而艺术。

王国维强调促进人的身体能力与精神能力的完全统一是教育的最终目标，而美育是精神教育的重要内容。王国维以人的知、情、意对应理想的真、善、美，认为教育就是要通过完善人的知、情、意来达致理想的真、善、美，而对应于真、善、美之理想的渠道是智育、德育、美育。美育也就是情感教育，"一切之美，皆形式之也"②，人通过审美可以从美的形式中得到无限的、纯粹的欢乐。审美就是人的情感的自然生发，是非功利的自娱自乐的行为。

王国维强调发挥美育的作用应坚持为艺术而艺术的原则。艺术具有教化作用，人可以通过艺术摆脱现实生存的束缚，从生存的烦恼和痛苦中得到解脱。进入审美生存之境，是人彻底摆脱现实和俗务约束的前提条件。审美能力，是在生存过程中、审美教育中逐渐形成的。

蔡元培终生都在提倡美的教育，在实践中将美育纳入教育的范畴，

---

① 梁启超：《中国韵文里所表现的情感》，载《中国美学史资料选编》下册，中华书局，1982，第417页。
② 王国维：《古雅之在美学上之位置》，载《静庵文集》，商务印书馆，1940，第124页。

并明确地提出了用美育替代宗教的观点。他认为美育是培养人的健全人格，需要德育、智育、体育、美育的全面协调推进才能够实现。美育就是使人的情感从弱到强的教化过程。"人人都有感情，而并非都有伟大而高尚的行为，这由于感情推动力的薄弱，要转弱为强，转薄为厚，有待于陶养的工具为美的对象，陶养的作用叫作美育。"①

美育对人的情感具有潜移默化的影响。丰富而健康的情感是人格健全的保障，美育则是培养健全人格的重要途径。蔡元培认为，虽然之前宗教将艺术作为培养宗教忠诚的手段，但是宗教压抑人的情感，有损人的本能，艺术则能够使人从宗教的束缚中解脱出来。

第四，审美是人有限存在的丰富性的展开。审美是存在的升华，要以存在为基础。如果从人的身体入手，会发现更神秘更有吸引力的存在状态，人的生存也会变得有血有肉，生机活力会灌注全身，引发更加令人惊异的存在。② 有血有肉的身体是一切审美生成的场域，身体是审美之境的入口。借助于身体的牵引，能展现存在的多样性，并生成更加丰富的可能性。

存在作为审美的基础，可以从两个方面展开。一方面，从人的肉体出发，通过生理学界定人的身体，理解身与心、肉与灵之间的关联，消除形而上学对身体的影响；另一方面，从人的身体出发，通过不同的视角探索影响身体构成的力量，区别身与心、肉与灵之间的差异，厘清审美存在对身体的影响。

之所以强调审美是在存在基础上的升华，是因为人的身体存在于特定的时空与文化之中，人的认知与体验受到了限制，③ 需要从不同的维度出发，从具体的、有限的身体出发，从不同的界定中认识存在。若想对存在有更全面真实的认识，就需要从不同的角度进行观察。一方面，对群体来说，要允许不同个体对同一存在发表自己的看法，允许群体存在中价值观、世界观、利益、立场的差异。另一方面，对个体来说，要对

---

① 蔡元培：《美育与人生》，载《蔡元培美学文选》，北京大学出版社，1983，第220页。
② 〔德〕尼采：《尼采遗稿选》，虞发龙译，上海译文出版社，2005，第112页。
③ 〔德〕Daniel W. Conway, *Nietzsche Critical Assessments*. Routledge，1998，p. 361.

存在进行多维度的审慎思考，要让不同的情绪自然涌现出来。人的存在本身首先是情绪的存在，是由多种情绪及其产生的认识构成的，包含着以求知为目的的情绪以及以生存为目的的情绪。

第五，审美是身心健康与存在整体的和谐。审美只有建立在存在的基础上才可以消除不必要的困惑。身体的健康与敏锐以及精神上的快乐与勇气是判断生存状态的标准，而不是单纯的精神状态或者身体状态。[①]首先，单纯的精神标准让人对生存状态健康与否的标准产生了怀疑，因为吸毒、酗酒也能产生精神的快乐与勇气，但无法满足身体健康与敏锐的条件。其次，所谓的健康并不是完全独立于疾病的存在，疾病是健康的构成要件，健康建立在克服疾病的基础之上，而非对疾病的纯粹排斥。健康的身体是更加诚实更加纯正的，是在尘世生存中获得意义的依托。[②]

应通过生存区域的变化维系身体的健康，借助于认识方式的革新保持心灵的健康。只有超越了原先的区域或者方式，经历了比较性的判断之后，人们才能发现生存是得到了增进还是减弱。

存在也有后天生成的部分。以身体为例，并不是只需要遵循生理规律，也受到历史与体制的制约，如工作的节奏、饮食习惯的影响、道德法律的建构，都使身体处于不断形成的过程中。[③] 对情感与本能的理性控制，是在身体受到了严厉的惩戒之后实现的[④]，身体的生成离不开知识和权力的建构。随着社会的发展，对身体的建构越来越多地通过自我监督与内心质询的方式完成，身体的新技艺呈现微调的特征。

三　个体是审美生存的载体

第一，个体是生存境域中的主体。明晓个体是践行审美生存的载体，

---

① 〔德〕尼采：《权力意志》，孙周兴译，商务印书馆，2007，第129页。
② 〔德〕尼采：《权力意志》，孙周兴译，商务印书馆，2007，第496页。
③ 〔德〕汪民安、陈永国编《尼采的幽灵》，社会科学文献出版社，2001，第128页。
④ 〔德〕尼采：《论道德的谱系·善恶的彼岸》，谢地坤、宋祖良、刘桂环译，漓江出版社，2007，第4页。

首先要掌握个体化原理。个体化原理最初是由叔本华明确提出的，叔本华认为个别存在的事物所构成的现象是生命意志的本体体现，此之谓个体化，实际上是从根源性、本体性的生命意志本体派生出来的个别的、有限的存在。个体化原理强调个体是以现实存在和经验存在为基础的，个体展开认知活动的先验条件是实体因果关系以及时空认知范畴，这也是个体得以生存的前提条件。个体的身体需要在经验世界中存在。人是由最卑微的黏土与最贵重的大理石所构成的，人本身就是大自然创造的艺术品。① 人是生命意志的产物，不但分享了创造者的美，而且分享了创造者的最高尊严，同时也是最高创造者的审美现象。但作为个体生命的存在者，人并非完美的存在，而是有限的、必死的存在者。只有回到原初的存在状态，才能够对本真的存在有所了解。

传统形而上学对个体存在的忽视是影响审美生存的重要因素。强调存在涵盖了初始之因与终极真理的超验存在，认为它可以成为一切现象、一切经验、一切事物的依赖，这个至善和完美的超验世界的存在与现实世界中的危险、虚无、偶然、荒诞相对立，实际上是对现实生活世界的否定与批判。而这样的世界，是亘古不变并存在于现实世界彼岸的具有普遍性与必然性的世界。②

第二，个体遭到理性主义传统的忽视。理性主义传统缺乏对身体的关注。笛卡尔强调，自身的实体存在只能从纯粹意识那里得到支撑，认为身心是分裂的，我只是"一个精神、一个理智，或者一个理性"③，认知主体是由思维主体决定的。德国古典哲学则巩固和强化了这一传统，如康德建构了纯粹理性、批判理性、实践理性的理性体系；黑格尔阐述了理性的自我设定、自我否定、自我回归的动态发展。在这个过程中，身体被视为生物学意义上的肉身，它不仅是易变的、残缺的，也会因其不纯洁而干扰精神的纯洁性，因此身体是遭到漠视、遗忘、放逐、压制与斥责的。个体的存在变为纯粹精神的存在。

---

① 〔德〕尼采：《悲剧的诞生》，周国平译，华龄出版社，2001，第7页。
② 〔德〕哈贝马斯：《后形而上学思想》，曹卫东、付德根译，译林出版社，2001，第13页。
③ 〔法〕笛卡尔：《第一哲学沉思集》，庞景仁译，商务印书馆，1986，第26页。

理性审美也是建立在个体存在的基础上的。现实是梦境的渊源，梦境的完美是对现实不完美的弥补，借助于梦境会把现实变得更加柔和清晰。梦境是个体生存所必需的，因为人际的不完全通约性，每个个体都应该拥有属于自己的梦，这个梦会赋予人生以意义，并能够帮助人在不完美且缺乏意义的现实生存中重建意义。正是梦境之美使人生变得可欲且值得追求，但是在维系梦境之美时，应坚持适度克制的原则，使人的知性与想象力相协调①：既要防止知性与现实的切近所导致的现实洪流摧毁想象力的意义建构，也要避免想象力与现实的脱节所导致的意义建构成为没有生存根基的水中月、梦中花。

第三，个体融入整体是存在不断完善的要求。审美生存希望将肯定个体生命与信仰整体生命结合起来，以实现人既得到尘世满足又得到终极慰藉的愿望。强调理性主义存在倾向者，借助于理性对存在进行挖掘、认知与完善，认为客观性是存在的最高标的，但如果客观性的获取以否定生命存在的必要梦境为代价，那么人在有限的生命中通过理性只能获得意义有限的尘世慰藉。因为它没有意识到梦境、幻觉在个体生存中的不可或缺，最后导致生命变得非常贫乏。如果理性摧毁了对生命永恒的坚信，人就没有办法从尘世中得到最根本的慰藉。从这个意义上来说，理性精神最终将引导存在者走向自身的极限，之后必然需要回到艺术化的道路上来。

正是个体的不断更新使生命的万古常新成为可能。每个个体生存的场域与时间都是极其有限的，存在者会在有限的现实存在之中渴慕无限的存在，现实的快感产生之时会向往想象的超越之途。于是，个体的存在就成为不断构建又不断拆解的万古常新的循环游戏，在这一过程中个体获得了无尽的快乐。创造世界的力量就如同儿童玩沙一样，在不断地筑造与推翻之中流连忘返。②

第四，个体应坚持自我拯救的审美生存原则。个体是践行审美生存

---

① 〔德〕康德：《判断力批判》，宗白华译，商务印书馆，1962，第83~84页。
② 〔德〕尼采：《悲剧的诞生》，周国平译，华龄出版社，2001，第138页。

的载体，表现在个体对自身的关怀上。个体自身在存在者的存在中至关重要，它是独立的生命体展开一切生存活动的关键所在，存在的倾向与方式是由个体性原则所决定的。个体自身是生命的前提，也是存在的灵魂。它不是固定不变的，而是随着生存境域的变化以及内在欲求的变化而不断变化。对个体来说，生命的欲望与生存的渴求是唯一标准，因而也是最独立的生命单位，并成为最具有灵活性的创造渊源。关怀自身的行为，应成为一切符合道德理性的生活原则以及理性决断的指引原则。通过他者的帮助与自身的努力，管理自己的身体、思想、行为，塑造自己的灵魂，完善自己的生存模式，净化自身存在，使自己达到本真、纯正、完美的生存状态。

个体践行审美生存的过程中必须坚持自我拯救的原则。自我拯救是指个体必须独立自主，掌握自己的命运，决定自身的言行，选择自己的生存方式。个体应摆脱他者或他物的控制，摆脱外在条件以及法制规范的约束。个体应让自身保持警惕状态，对各种可能威胁自身存在的危险保持警醒，并以一种积极主动的姿态，努力维护自身的权利以及自主性。个体应时刻置身于一切外在的干涉与变化之中保持自由的状态，不论外界发生怎样的变动以及面临着何种压力，都要坚持自己的道路，追求自己的快乐。

自我拯救的原则需要在当下的现实生活中践行。不应在现实生活之外追求自由，而要在自身的生存境域中依靠自身的能力、信心创造幸福。自我拯救，要求存在者关注自身及自身存在，拯救自身的希望、思考与践行都要在实际生活中实现，依赖生存本身的力量获得超越。因此，自我拯救始终发生在生存境域中，而且由存在者自身主导。

第五，应重视审美生存中理性主义原则的积极意义。理性主义原则的存在自然有其价值。笛卡尔之所以建构理性主义传统，是为了保证主体认知的确实性与准确性，这是主体在认知、观察经验对象及其本质时所思考的主要问题。他意识到，当人面对世界的时候，必须确立在世界上的核心位置，需要真正具有客观标准又具有普遍效用的超验原则，所以其将理性的"我思"作为认知与思考的支撑点。

以个体为载体的审美生存践行绝不等于单纯地追逐快乐甚至放纵欲望。审美生存超越了一般的美丑妍蚩、固定的一多和谐、流行的享乐潮流，是以塑造生存风格、提升精神境界、丰富思想内涵、培养从容心态、孕育优雅气质、重视生存质量为目标的生存技艺。审美生存是以自由理念以及崇高实践为基础的，不会与他者的存在发生冲突。由此，审美生存既重视个体生存中审美快感的实现，又要求适度节制欲求，其本身也是关于欲望管理的技艺。

个体的节制与苦行是实现审美生存的必要条件。为了实现审美生存，人的生存必须是积极主动的，思想的锻炼以及精神的修养必不可少，个体必须关注自身的身体存在，使灵与肉的苦行、节制与锻炼同步进行。灵与肉的艰苦锻炼有双重目的：一方面，为了增加生存的勇气，即减少外界因素对灵肉的干扰，培养坚强的生存意志，以便面对各种危机时能够宠辱不惊、应对自如；另一方面，为了强化自身的控制意识，处理个体所产生的内在困扰、不安乃至惊慌，从而在实际生存中控制灵与肉。

总之，审美生存是为了能够让自身成为真实生存的主导者和引导者。因此，审美生存不是一时一地的权宜之举，而是贯穿终生并不断更新的根本追求。个体的生存犹如茫茫大海中的航行，要随着风浪不断转向，同时又不能遗忘初心。审美生存的航行，最终是为了真实生存境域的实现。

第七章　审美生存的本源异化

审美生存的本源异化是审美生存危机最本质的问题。结合人类文明危机以及审美生存问题的表现，笔者认为审美生存的本源异化应从三个方面展开，即理性情感之分离、精神危机之产生、虚无主义之形成。从逻辑上说，三者之间存在密切的关联，理性情感的分离导致了精神危机的产生，精神危机之产生了导致了虚无主义的形成和审美生存危机的逐渐深化。

一　理性情感之分离

第一，理性情感之分离造成了审美生存之遮蔽。审美生存也可以说是存在的澄明，不过审美存在的澄明是让存在者在自然状态之中自行涌现，从而与世界合而为一。审美生存的涌现与理性主义传统有着根本区别：生存之审美强调让存在者成为存在者，而不是在理性的作用下成为存在者。审美生存认为，存在者能够自主地与世界交融但又能够保持二者的原始整体性。

审美活动是对人的存在的解蔽过程，是对存在者本真存在状态的揭示。万事万物是否具有意义，在于其有无可能进入存在的本源之中。作为存在者的有机组成部分，人类原是与存在同源的，但是当代社会中人类文明的复杂化驱逐了同源性的基础，人的生存世界失去了原本的朴素性与透明度，进入本真存在的通途被堵塞，层出不穷的新鲜事物以及日益频繁的社会性交流使人类抛弃了笨拙的原始语言并改变了原始生存方式对自然环境的依赖，用纯粹抽象的、符号化的世界代替了传统的诗性存在精神。

第二，仅仅依赖理性无法澄清人的本真存在，且人类自身已经成为束缚存在者的枷锁。求真只能够澄明人的理性存在，求善只能够澄明人的道德存在，都无法涵盖人类存在的真实状况。理性化、伦理化的呈现本身决定了被呈现者必然丧失其本真存在。因为存在新的呈现方式否定了原始的存在结构，从而导致了理性与感性的分离。

生命在本质上是感性的存在，不可确定的欲望、情绪、需要代表存在的关键因素，理性图示则要求把这些不确定的存在都以理性化的方式确定下来，这必然会导致生命存在的遮蔽。在以理性为最高目标的情况下，存在被视为从感性到理性的发展过程，实际上成为不断以新的理性否定旧的理性的过程，理性主义最后也趋向了非理性的虚无主义。理性的澄明方式与审美生存的本源背道而驰，它使世界沉沦到黑暗之中。理性主义方式把主体的尺度强加在对象身上，使之脱离了自身的自然属性，从主体的需要与认知结构出发建构了世界的框架，正所谓"独眼的理性，缺乏深度"①。

第三，审美生存的生成需要理性与感性的和解。主体性尺度下的世界只能按照合目的性来呈现。在理性模式下，存在者之所以澄明是因为其满足了人的目的性，但由于仅仅澄明了存在者中满足人的欲望的方面，而满足人的欲望所呈现的只是其在历史存在中表现出来的新形式，这就否定了其自身存在的固有形式，在解蔽的过程中同时形成了新的遮蔽。

审美生存需要在理性图示下进行突破。理性图示之狭隘的功利主义特征会导致人用主体的意欲、认知的框架去审视自然存在，理性的解蔽就成为审美生存视角所必须克服的。祛除了存在之真理性与伦理性的遮蔽后，存在者存在的本质才能自行涌现。海德格尔强调，美存在于那种自然而然展现自身的形式里。② 存在的真理不在于理性图示的抽象构建，

① 〔英〕怀特海：《科学与近代世界》，转引自〔美〕大卫·雷·格里芬《怀特海的另类后现代哲学》，周邦宪译，北京大学出版社，2013，第45页。
② 〔德〕海德格尔：《面向思的事情》，陈小文、孙周兴译，商务印书馆，1996，第90页。

而是在直观中自主呈现。具体来说，就是借助于自身自由的活动使主体成为主体，并使客体借助于主体的审美图式得以显现，主客体双方在自由的交互活动中形成了存在世界的境域。存在的真理，只有在审美中才能够显现。

审美生存使世界以自由活动的形式展现，这就是存在真理的澄明。主体的理性范式以抽象的框架让万物失去了活力，主体的道德意志改变了万物存在的状态。审美生存是世界整体的涌现，是万物本性的澄明，是存在者在存在之中的自由呈现。

第四，要消解传统理性生存范式与现代感性生存范式的双重遮蔽。传统生存范式是对本真生存状态的遮蔽。理性范式无视人类与所生存世界的密切关联，试图使生命变成与主体理性之外的所有对象相对立的存在。伦理范式无视意志与情感的内在渊源，用与生命本真存在相对立的道德本体割裂生命，虽然方式有异，但二者在与外在世界的对立以及内在生命的压抑上别无二致，这种情况导致人与存在境域的脱节以及人自身的灵肉对立，使人成为无根的存在者，与本真的存在以及审美的显现相脱离。无论是改天换地的理性实践，还是斗私批修的伦理运动，都使人类失去了生存之基与精神之源，并产生了一种无家可归的流浪感。

审美生存认为，对存在对象的征服或者改造就是对生命本身的征服或者改造，生命自由的前提是宇宙万物的自由，因此要拒绝对象化与主体化的传统逻辑。面对传统理性生存范式对人的存在的异化，需要回归以感性为基础的诗性智慧，也就是把诗性智慧从理性智慧的遮蔽下解放出来。这样才可以捍卫生存的自由与本然状态，消除生存的危机。

现实社会中高度发达的感性欲望绝不等同于诗性智慧。现代西方主流美学认为理性异化是一切生命悲剧的根源，把与之相对立的感性本能视为生命自由与审美存在的根基，但这种感性本能仅仅是理性本身建构的与其相对立的对象化存在，感性的寄生壳下依旧是理性范式的内容，这与真正的审美生存与生命自由背道而驰。因此，感性本能不但无法解放人自身，还使人陷入了虚无主义之中，丑取代美、死取代生成为焦点，除了赤裸裸的动物本能之外，人在本质上是贫瘠的，在精神上是茫然的。

　　实际上，若能对感性本能有所限制，则会成为对文明异化积极有益且正当必要的调节手段，但毫无节制的运用则会使之与传统的道德独断论、近代的理性独断论一样，后现代对感性欲望的绝对化、普遍化所形成的感性独断论视欲望为人的最高追求与最终本性，消解了人形成过程中的丰富积淀与未来发展的无限可能，感性本能的同质化导致了人类存在的单调乏味。在感性本能的绝对主导下，文化传统、地域特点、个性特色不复存在，传统的生存模式、道德规范、审美类型被解构。相对于理性主体使自身生存在理性的枷锁之中，感性主体则使自身成为欲望的奴隶。人从一种枷锁中解脱出来，却被套上了另外一种枷锁。感性与理性的分裂导致了生存悲剧的日益加深。

　　第五，本真存在的自行显现能解决理性情感分离之危机。感性本能的放纵使人性日益沉沦，肉体狂欢最多只能是反抗理性的异化，无法澄明人的本真存在，反而使人的本真存在更加遮蔽。审美生存之根本目的是使人成为人，关键不是重建人的欲望主体，而是使人的本真存在自行显现，使人进入生存世界的整体境域之中。只有在人的本真存在可以自由显现、人栖息于生存世界的整体境域之中时，才可以消除主体化或者对象化的误区。感性本能放纵的初衷是消除理性或者伦理对人异化的痛苦，试图建构与所有实存相对立的欲望本体，但这样最终会彻底泯灭人性，使人产生无意义的焦虑与在欲海中狂奔的痛苦。

　　本真存在的显现是在人的等待与期盼中来临的。所有的知识、意志乃至伦理，都不可能把存在的根源以透明的图式呈现出来。要使本真存在显现，人只能静静地观看，专注地倾听。刻意建构起来的只是没有根基的幻象，但长久以来我们就被这些幻象所左右。当有意识的活动被终止时，人才可以直观存在本身，这种无意识的交流能够让人在领受文明形态馈赠的同时体现存在自行绽放的澄明状态。这才是审美生存最原始的美感形态。生存的真正自由源于自然而然的发生，源于存在者遵循存在规律的活动，而非内在欲求与外在他律支配下的选择，此时本真的存在得以彰显。

　　科学的原则是死的原则，将其他的存在都对象化，认为可以分割的对象才是可以研究的对象。科学使人类生存的世界客体化，把同类甚至自身存在通过解剖的方式进行研究，通过对死的研究来指导活的存在，实际上对活生生的存在进行了分割与重新组合。虽然科学具有改变世界的力量，但是其方式是抽象性的、主体性的，而非存在性的、生活性的。①

科学理性对审美生存的侵蚀是当下审美生存研究应该重视的问题。在现代理性主义的裹挟中，将科学美学作为追求的目标，审美探索与审美生存之间的关联被斩断。但审美生存问题本非实证问题，科学理性的侵蚀将导致理性独断论在审美领域的泛滥，康德正是在这个意义上限制了理性的超验使用。人们在现实中往往会诉诸意识形态、政治权威，本真生存的澄明、生命内在的超越却被遮蔽得严严实实。

第六，推进审美生存及教化的重要意义。审美生存的探索及审美生存教化的推进，对于澄明人自身的存在具有重要意义。首先，只有在审美生存中，人性的诸多维度才能得以呈现，如人的感情心理、感觉感受、意念情绪、爱恨与苦乐、意志自由与困顿挣扎，它们构成了人类生活的重要内容，但却不被理性传统、道德传统所肯认，只有在审美生存中，才能得到肯定与回应。其次，审美生存是摆脱传统束缚、追求绝对存在的依据。追求绝对普遍的价值存在形态，实际上是把存在驱逐出真实世界之外。因为人作为世界上的存在者，不可能使自己超拔于世又对世界有完整绝对的审察，人对世界的审察与体认是在世界中完成的。审美生存让我们清醒地认识到这一点，即敬畏生命自身的界限。最后，审美生存是形成万物平等观念的支撑。世界上的任何存在者都被置入了存在之中，并在安然的敞开中呈现自身，人类和其他存在也同样如此。只有人类意识到这个问题，才能够在现实的存在中实现本性的澄明。

二　精神危机之产生

第一，精神危机体现为存在者对存在运思的冷漠。对存在的运思并

---

① 叶秀山：《美的哲学》，人民出版社，1991，第83、86页。

不像人们学习技术性、工艺性知识那样可以直接学到，也不像职业性、科学性知识那样可以直接运用。不过，恰恰是这种看起来无用的东西或不能对日常生活产生直接影响的东西，拥有极大的威力。也就是说，它能够生发出与人类历史本真历程最为内在的共鸣。任何超越时间的东西都能够拥有自己的时间，对于存在的运思同样如此。

如是，就很难想当然地确定存在的运思的具体任务以及要求。存在的运思的每一种形态、每一个阶段都有其完成自身的法则。存在的运思的本质只是且必须是一种从思索的角度对赋予人类品位与尺度的认知渠道与认知视野，一个民族可以从这种认知中体悟到它自身在精神世界中的存在并达成存在。也是这种认知，引发并驱使人们对存在进行追问与评判。

第二，对存在的真诚之思是发掘存在内涵的途径。思索存在的真正意义在于使人当前的存在变得厚重。万事万物获得厚重存在的条件是艰深，艰深是成就所有伟大事物的一个基本条件，对个体及民族命运的运思也是从艰深开始的。不过，只有在当前的存在中掌握事物的本然状态，才能深入存在的命运之中，存在的运思则是这种认知的途径与视域。对存在的运思不能止步于存在者任何特定的日常生活，它追问的不是日常生活秩序以及日常生活所熟悉的内容，而是对超越了的日常生活存在的运思。

对存在的运思，实际上就是要求不断思索，需要在不断地观察、倾听、质疑、渴求、梦想那些超越了寻常存在的存在中探索存在。对存在而言，有所认知实际上只能说人终于领悟到，对于存在的认知总是在过程之中的，想对存在有所领悟之人必须不断地学习，并且在这种领悟的基础上让自己达到不断学习运思的境界，这远远要比有固定的认知难得多。

对存在进行拷问是持续学习的前提。对存在的拷问是人们主动认知与运思的过程，是对自身存在的本然状态的运思与决断。对存在的拷问是最根本的拷问，应以最根本的方式进行认知与运思。拷问的态度需要在对存在问题打开的过程中得到澄清，并借助有效的训练固定下来。

第三，精神沉沦源自技术与组织的疯狂运作。现代社会中疯狂的技术运作与组织运作引发了精神危机。技术的运作是疯狂的，影响了人类的生活；民众组织的运作是毫无顾忌的，把每个个体都裹挟其中。若地球上的每一个角落都被技术与经济所控制，若地球上任何地方发生的任何事件都能随时为人所知晓，那么，存在的历史性就会消失，当下的存在也只有瞬间性。若拳击手被视为民族英雄，若乌合之众的活动被当成盛典，关于人的存在是为了什么，人的存在应走向哪里，人的存在应该做些什么等问题就会被遮蔽。

当前人类在精神上的沉沦越发严重，每个民族都面临着精神危机，而精神力量使人们有机会有看到沦落并评判沦落。随着世界存在状态的渐趋灰暗，存在的神圣价值逐渐隐遁，存在的整体生态被破坏，人类自身也趋向平面化，人世间对所有具有自由的、创造性的东西予以了怀疑与憎恨。

现代人身处前后夹击的状态之中，生存的处境亦充满了危机。只有自身产生对此种境域的回应，并且借此去创造性地理解我们的传统，才能够在这种境域之中掌握自身的命运。必须使自身以及将来的历程回到存在之源头，才有可能避免走上毁灭的道路，并从当下的存在中寻找新的精神力量。

第四，精神危机导致了生存力量的消解。人类的没落就是精神世界的没落。动物没有世界意识，也没有环境意识，世界与环境是人类特有的概念。精神力量遭受剥夺意味着人类世界的没落，精神危机也就是人类生存世界的危机。

对精神力量的误解意味着人类强大的生命力开始受到影响，人类精神世界的宽厚、伟大与本源性受到侵蚀。只有当人的存在从一个能够敞开前所未有的深度的世界出发，代表人本性的东西才会敞开并复归于人自身，从而引导人保持卓越的状态且按照较高的生存层级生活。在当代社会中，所有事物的存在都处于表层上，就像一个毫无光泽的镜子，不能对光有任何反射作用，单纯的数量与平展的维度占据了统治地位，能力也不再是从本源处而来的潜能，仅仅是人通过付出努力和代价就可以掌握的技能。

第五，精神力量遭受剥夺的基本表现。平均状态的无差别性导致了精神世界秩序的混乱。无差别平均状态的影响不可小觑，它以攻城略地的势头摧毁世界上一切精神创造，并以咄咄逼人的姿态摧毁现有的一切生存秩序，这是一场具有毁灭性的灾难。

首先，致命的错误是用智能来取代精神。这里的智能是指纯粹的理智，它能对事先给出的事物进行观察、计量与思考，并预测它们可能出现的变革以及随之呈现的新形态。这种理智是可以通过训练获得的，是可以规模化批量生产的，且只是一种单纯的才能，会被组织化的可能性所驯服。因此，其与精神的本性格格不入，只是精神的假象掩盖了精神的荒芜。当下的美学意趣与文学风格，极易被理解为智能的变种而非精神的产物。

其次，被误解为智能的精神会沦为功利主义的角色，被视为既能够传授也能够学习的东西。虽然这种智能的功用在现实中可能有不同的表现形式，如经济决定论者对物质生活世界中生产关系的调配与控制，实证主义者对当前已经被设定的存在的理智安排与诠释，造神运动中某个组织对整个民族的组织与操控，都使化身为智能的精神成了与现实事物相对立的上层建构。

精神实为人类存在之根。若将精神误解为智能，就会将精神排在肉体能力与特性之后，以此作为精神的基础。但如果掌握了精神的本质，就会意识到理智的厚重与机巧、肉体的优美与力量、生活的原始与繁杂，实际上都建基于精神之上。它们只是随着精神的涌现或隐遁，而有所提升或沉沦。精神实际上是人类存在的承载者，也是人类生存的统治者，是首要的和最终的，而非其他无谓的存在。

再次，对精神的工具化误解会导致对人类存在领域有意识地规划与培植。一旦精神被视为实现某种目标的工具，精神成长、艺术创作、宗教生活、政治建构都会被纳入有意识地规划与培植的领域。在这种情况下，厚重的精神世界被简化为具体的文化形态，个体则试图在对当前文化的创造与坚持中完成自身。自由作为这些领域的特征，为自身设定了恰好能够达到的目标设定标准，这种便于人们制作与使用的标准就是价值。文化价值要想保证自身存在的意义，就必须在文化整体中将自己限制在自我的有效性上，也即要求做到为科学而科学、为诗歌而诗歌、为艺术而艺术。

人类诸科学领域之间相去甚远，不同领域也以截然不同的方式处理存在之物，诸学科以多样性的特征散乱存在。而今，只有借助于大学的技术组织才能够将各个学科聚集在一起，其意义的获得也需要各学科的实用价值来衡量。

最后，对精神的误解就是把精神视为装饰品。现代社会中，精神被视为智能，智能被想象成为达到目的而设定的工具，利用工具生产出来的产品被想象为文化产品。但是，作为智能的精神与作为文化的精神最后都成为人们用来装饰的小摆设。人们只想借此说明，他们不是野蛮人，也没有抛弃文化。

精神既非空有其表的机智和毫无限制的调侃，也非永无止境的知性求索，更非超然天外的世界理性。实际上，精神是对人类本真存在、本然存在的感知与决断，也是对存在者整体权能的让渡。无论在哪里，只要精神依旧能发挥主宰作用，存在者本身在那里就能够随时以更加深刻的状态存在着。因此，追问存在者本身，以及存在的问题，是使精神解蔽的一个根本性条件。同时，也能够使此在的历史性原初存在得以彰显，防止精神世界的沉沦，并使存在者勇于担当存在之为存在的历史使命。

三 虚无主义之形成

第一，社会发展标准的变化是形成虚无主义的重要因素。历史发展衡量标准的变化是形成虚无主义的重要原因。现代性的发展为衡量人类社会发展提供了新的标准，即"好与坏"的标准逐渐被"进步与落后"的标准所取代。① 随着"进步与落后"的观念越来越深入人心，逐渐取代

---

① Leo Strauss，"Progress or Return？The Contemporary Crisis in Western Civilization，" in Hilall Gildin ed.，*An Introduction to Political Philosophy*：*The Essays by Leo Strauss*. Wayne State University Press，1989，p. 26.

"好与坏"成为衡量社会发展的主要标准，而淡忘了"好与坏"的标准应在逻辑上先于"进步与落后"的标准，因为只有"好与坏"的标准才能裁决某种历史变化对于人类社会的真正作用。①

"进步与落后"历史观的盛行已经让现代人放弃了"好与坏"的评价标准，转而把"新与旧"的标准作为衡量一切历史变化的根据。但以"新与旧"为核心尺度的"进步与落后"的标准会产生与传统完全不同的评价方法。传统文明中，无论东西，都把古代视为理想的生存状态，"古老"的就是"好"的，最"老"的就是最好的。但现代社会的标准是完全颠倒的，好的就是"新"的，最好的就是"最新"的。既然把追求进步作为终极目标，眼光肯定是放在未来的，现存的要不断被"新"的所取代。

"进步与落后"会带来不断流动的现代性。既然社会的未来在于进步，那么社会的发展过程就是"昨天不断被今天所取代"的过程，现代社会的发展是不断流动的，不存在独立于社会变化之外的永恒标准，所有的是非、对错、好坏、善恶都会随着社会的发展而不断变化，人的生存也处于不断革新的状态之中，万物皆流、无物常在，凡事只问新鲜与否，人人追求与时俱进。

第二，现代性的历史观念是虚无主义的根源。推崇进步的历史主义终究会形成彻底的虚无主义，认为世界上根本不可能存在任何关于是非、对错、好坏、善恶的标准，人世间也没有任何值得人类永远尊崇与向往的事业。随着时间的流逝，现存的一切都会被消解，所有传统的影响都会被冲蚀。人类心灵的厚度与深度不断被削减，人类生存的状态也日益陷入空洞化、浅俗化与平面化之中。

这种观念的形成经历了三个阶段。首先是进步观念的提出，其次是历史观念的提出，最后是历史主义倾向的形成。乐观主义进步观相信，只要人类能从古代传统的束缚中解脱出来，就能实现人类自身的不断完善与社会的持续进步，相信科学技术的发展一定会给人类带来光明和幸福。

---

① Leo Strauss, *What is Political Philosophy?* The University of Chicago Press, 1959, p. 10.

第三，彻底历史主义衍生了彻底虚无主义。彻底的历史主义观念导致了彻底的虚无主义思想的产生。海德格尔是彻底的历史主义最为典型的代表。在他的早期著作《存在与时间》以及晚期著作《哲学论稿：从本有而来》中，对后现代哲学的思维范式做了深刻的界定，无论是"绽出存在"的概念，还是"突然发生"的概念，认为人、历史、世界的存在都是破碎的、撕裂的、断片的，都只是偶然存在而已。彻底的虚无主义随着海德格尔的时间观念而产生：既然一切存在都只能由人类无法把握的突然发生来决定，那么人类的一切选择必然只能是盲目的，人类将无法再以有责任的存在者自居，突然发生使人类免除了一切关于是非、对错、好坏、善恶的选择、判断责任，这预示着虚无主义会陷入不可避免的盲目的蒙昧主义之中。

虚无主义思潮得到了现代思想巨人的共同推进。以马基雅维利的《君主论》作为现代性的肇始，霍布斯、洛克、卢梭的社会契约理论紧随其后，康德、黑格尔、马克思的历史观念深入人心，尼采、海德格尔则彻底动摇了传统思想的根基，虚无主义自此大行其道。这些思想家遵循最高的知性真诚原则，对现代性的逻辑进行了最为彻底的揭示，暴露出虚无主义已经成为现代性最大的问题，并催生了一个悖论：理性发展越充分，虚无主义越深刻，生存危机越严重。

第四，专业化与平等化对虚无主义的推进。知识的专业化是虚无主义危机的重要体现。知识专业化的结果是知识人的批量生产，随着知识平等化与知识民主化的发展，人们不再愿意接受哲学审慎的批判，强调所有的知识都是平等的，不同的知识之间不存在高低之分、主次之分甚至善恶之分，反倒是对创新的追求不断地嫁接、翻新，最终导致了知识的大批量生产。① 这不但不能使人更加专注于重大问题的思考，反而让知识人陷入了普遍的媚俗主义之中，本身所掌握的知识也不过是越来越多关于鸡毛蒜皮的知识。

① F. Nietzsche, *Beyond Good and Evil*: *Prelude to a Philosophy of the Future*. Vintage Books, 1966, pp. 121 – 141.

对平等化过于执着的追求最终会导致人类生存状态的全面低俗化。追求自由平等是现代性的内在逻辑，现代性的道德正当性建立在每个人都争取自我解放、都是自由平等的基础上。故此，从性别、种族、阶级、民族各个层面争取没有差异的存在，认为最理想的生存世界就是彼此没有差异的世界。但这种普遍无差异的世界实际上并不存在，而且这种追求普遍无差异的运动最终会导致人类变成"末人"（the last man）。所谓"末人"，主要是指存在的人不再有任何区别，所有的人都是平等的，没有优雅与庸俗之分、经典与垃圾之分、深刻与肤浅之分、高贵与卑贱之分、智慧与愚蠢之分，最大众化的就是最好的，最平等的就是最正确的。

第五，虚无主义危机引发了人类生存的可能性危机。虚无主义危机是整个人类生存的危机，也是无限降低人类生存质量与生存高度的危机。现代性最初的希望是把人提升到神的位置，但最终却使人沦落到动物的位置上，这也是现代性本身最大的悖论，现代性是建立在低俗却坚固的基础上的。[①] 美国政治哲学家列奥·施特劳斯指出，在现代社会中，真正自由的人最为紧要的责任就是全力以赴对抗那种堕落的自由主义，堕落的自由主义强调人活着的唯一目的就是没有任何重负的开心，却丝毫不记得人应该追求的是高贵品质、德性完美、出类拔萃。托克维尔在《论美国的民主》一书中对民主社会的庸俗化趋势做过较为深入的探讨，这里不再细表。

虚无主义带来了道德理性的丧失，进而导致了人类可能性的萎缩。芝加哥大学教授布鲁姆强调，美国高等教育危机之所以产生主要是因为社会科学中产生的实证主义与相对主义，以及人文科学中产生的虚无主义，使美国高等教育培养出来的学生的心灵不再充盈。在人类追求幸福时开始与德性分离：人类追求幸福的权利应该得到充分保障，但这并不意味着人类为了追求幸福可以毫无顾忌、为所欲为。柏克认为德性是追求幸福的唯一途径，只有借助于德性对人类追求幸福的激情加以约束，幸福才可能获得。相对于康德把意志作为支配的设定，柏克强调只有在

---

① Leo Strauss, *Thoughts on Machiavelli*. University of Chicago Press, 1978, pp. 296 – 297.

审慎、理性与德性的约束之下，人的意志才能够引导人类走向幸福。所以在柏克看来，履行义务比虚幻的人权更加重要，是构成社会生活的基础。古典政治哲学传统强调对道德理性的服从，并强调人的目的应该是理论德性，也就是人的灵魂的完善。但现在的政治哲学则强调，德性只是实现政治目的的工具，若把德性变成了人类追求世俗目的的手段，就会消解人类更加丰富的可能性。

第六，虚无主义影响整个社会的生存。虚无主义会把社会存在的基础连根拔起，会置人于纯粹的虚无之中，然后诱导人在虚无之中创建人的存在。虚无主义这种极端否定的自由的确有可能将人置于一种解放的状态中，但并不能激发所有人的潜能。这种绝对的自由既不是所有人都可以做到的，也不是绝大多数人所愿意做的。实际上，绝大多数人追求的是肯定的建构。故此，奠定自由的根基并不像康德或罗尔斯所设想的那样，必须先把所有人都提升到绝对自由的状态，绝对自由的状态会把所有人存在的根基连根拔起，最终会彻底摧毁社会生活，这是现代性最大的危险。

第七，理性主义认识与改造疯狂是本然生存的颠覆。现实生活世界并不能完全按照哲人的设想进行改造，现代性之所以出现危机，主要是因为没有认识到普通人的自由与哲人的自由存在巨大区别，并理所当然地认为哲人与普通人的欲求是一样的。对古典哲学传统的认识发生了极大变化，从"哲学是对世界的认识，并不承担改造世界的职责"，转变为"哲学不仅仅是认识世界，更是改造世界"，"从前的哲学家只是解释世界，而现代的哲学则要改造世界"，这不是个别思想家的狂妄自大所致，而是西方现代思想所孕育的伟大理想与自觉追求所造成的，其想当然地认为人类世界可以而且必须按照哲人的思考进行改造。

知识改造世界的梦想造成了理性生活与社会生活的双重异化。现代哲人不但要追求彻底的真理，还要按照真理的标准对社会进行全面彻底的改造。这种意愿与行动的结果就是理性生活与社会生活的双重异化：理性本身只有在不断地批判与对社会生活的重构中才能够获得存在的正当性，并逐渐失去了客观描述与认真反思的可能性；社会生活则必须借助于各种哲学观点或者各种主义来论证自身存在形态的合理性，生活成为某种学说的注脚。传统的社会生活、政治生活都建立在习俗、道德、宗教的基础上，从来没有像现在这样，要求人的社会生活必须遵循哲学化、理性化、知识化的建构。以前的理性生活，更多的是一种追求纯粹知识的私人行为，现在则演变为改造公共社会生活的武器，理性从一种知识追求变成了一种权力应用，从一种私人探索变成了一种公共追求。理性的超越性与纯粹性被社会现实生活所牵绊，社会生活的现实性和具体性被抽象的思考所改造，理性与生活的本性被彼此所影响。

理性生活具有打破一切的癫狂本性，因为它追求的是纯粹智慧的探索，没有任何限制的绝对自由是其前提条件，这使理性本身不会接受习俗、道德、宗教、传统的限制和约束，理性生活与社会生活是不相容的。理性为了彻底地展开探索，需要绝对的自由作为条件，理性会冒着怀疑一切传统、亵渎一切神圣、嘲笑一切习俗的风险，这种纯粹知性的追求一旦进入社会实践就会带来颠覆性的危险。

第八，消除虚无主义的基本路径及意义。消除虚无主义的影响，需要通过现象学还原的方式回到"前理论、前哲学、前科学"的生活世界中，从现代社会所建构的"理论的、哲学的、科学的"抽象世界中解放出来。现代性希望通过理性来改造现实和提升人的高度，但结果是理性本身被生活世界所改造，虽然把所有人都提升到了理性的高度，但生活世界却被理性化为对理性思想的论证。回归本真的生活世界，必须实现生活世界的去理论化。

回到生活世界的唯一途径是对古典文本进行阐释。正常的生活状态已经被现代性摧残得千疮百孔，唯有进入古典文本之中，才能对其有所认识。如海德格尔所言，人的存在首先是当下的存在，当下的存在首先是社会生活中的存在，社会生活的结构在特殊的政治社会中存在，社会生活中的非本真存在即"常人"、"闲谈"以及"沉沦"等，构成了"前理论、前科学、前哲学"的生活世界。此处的"常人"是指某种特定的社会生活结构中的大多数存在者，此处的"闲谈"并非私人之间的闲谈，而是某种社会的主流意识形态。

消除虚无主义是重建人类社会生活合法性的基本要求。陀思妥耶夫斯基早就明确指出，如果上帝不存在，那么人世间就没有什么东西是不被允许的，任何事情都有可能发生。同理，如果认为人没有本质可言，那么对人性造成的所有的异化、扭曲都会让人见怪不怪、习以为常。因此，绝对有必要坚守最高的理念性智慧即"人是目的"，虽然它不是生命自由的最高境界，但却是人类摆脱动物性的基本标志，人类建构文明世界的首要条件，是人类获得解放与自由。虽然理性异化给人类生活带来了危险，但可以通过其他的精神活动来解决。人类要想获得自我的本质，就必然要经历理性的异化；同理，人类要想彰显自由的本质，就必须经历审美的澄明。最重要的是学会划界，不同的问题要在不同的境域中解决。

第八章　审美生存的现实困境

审美生存的现实困境主要是指对现实生存境域中审美生存危机的总结与概括。与前文主要从理论维度展开不同，本章主要从现实维度展开。具体而言，主要从时空性质之转变、大众传播之异化、审美文化之转型三个方面展开，对现实生存境域中影响审美生存的现实问题进行阐述。既要考虑到生存境域整体之变化，也就是时空生存性质的转变，又要考虑到生存境域运作之变化，也就是大众传播之异化，同时还要考虑到生存境域载体之变化，也就是审美文化之转型，力争较为全面地概括总结审美生存的现实困境。

一　时空性质之转变

第一，时空性质的转变改变了审美生存的境域。社会大生产的发展和科学技术的进步，社会管理方式的变革以及政治活动的开展，导致现代社会生活中时空的性质与结构发生了极大的变化。

在传统社会中，循环性的世界观占据了主导位置。对社会的观察以及自身生存的安排，都是在一个比较固定的范围内以单向循环为基本特征的。空间的性质相对来说不太重要，过去、现在、未来的时间循环是生存所遵循的基本规则。在传统生存模式中，存在的基本形态是时间。直到近现代哲学中，时间仍然是人生存的基本场域。

现代社会中，空间逐渐取代时间成为人绽放自身存在的场域。当前的存在是不同个体交叉并存的存在，是不同边界相互重叠的场域。在这个存在境域中，空间的大小及密度成为衡量存在程度的基本标准。尽可能占据更大的空间，并以此展现自己的权力与资本，已经成为现代人呈现自身存在的基础。空间能够为人们拓展生存领域提供广阔的前景与丰富的可能，生存境域中的利益竞争与权力争斗都通过空间展开。人们借助各种手段，拓展实际的空间范围。

第二，场地化的生存空间对生存状态的影响。相对于空间之抽象而言，场地具有更明显的具体性、私人性。现在的生产方式以实际利益为核心展开，强调控制权、占有权的实实在在是最重要的，对场地的拥有与控制则是更加直观的体现。场地是具体的、有限的，它直接关系着个体存在生存的具体利益，以及个体展现生命力的可能范围。

场地的恶性擅长及过度重叠导致个体生存境域的异化。失败者会被驱逐到生存的边缘，自身的生存境域随着胜利者不断拓展场地的边缘而日益局促，存在者的历史与时间都表现为受到腐蚀的异质的空间。生存的境域是由各种关系构成的，而关系又是由彼此之间不可化约、不可重叠的场地所构成的。

场地化的生存境域预示着占有者的控制能力。占有某个空间，就能在此空间进行最大限度的控制，就能对他者的存在进行强有力的控制与调配，并维持自身掌控局面的能力。在此意义上，场地成为现代人生存状态的重要体现。由于场地的有限性与私人性，特定场地中的存在者必须遵守严格的戒律才能够被接受，生存的自由性大大降低，很容易受到他者的监视与外界的操控。

第三，都市化是场地生存境域的具体体现。资本主义生产在世界化进程中确立了以都市为中心的空间网络，都市成为现代社会的统治核心。都市集中了最先进的设备仪器、最有创造力的人才资源，以及最有效率和最先进的经济、政治、文化机构，也垄断了社会发展最新与最关键的信息。由此，都市实现了对其他地区的高度控制。

都市化形成了一整套由软件与硬件共同构成的网络系统。都市化所建构的网络权力系统最终形成的是以时空结构为基座，以有形硬件为框架，以无形软件和特殊生存方式为内容的复杂系统。如都市建筑、都市交通、都市机构、都市制度、都市网络、都市组织、都市人力配置、都市生活方式以及都市精神等，它们共同构成了都市的权力网络系统，支配着人们的存在方式。

都市文化具有强大的自我更新能力，并且不断扩大自我生存与影响的空间。借助于交通、媒介、网络，都市肆意展示自身的侵略性，不断扩张自己的边界，随时向边缘侵蚀，试图影响一切领域，并无限制地蔓延下去。

都市建构的网络是双向循环且无限交错的网络，输出与输入同步，发出与回笼并行，在掌控世界的同时又利用世界的资源强大自身，不断巩固都市的中心地位。随着循环的不断加强，都市中心结构发展为大都会的世界结构。

现代都市已成为人类生存的理想寄托，成为现代化的主要象征。都市涵盖了最先进的技术，拥有各种有效的科学成果，集中了最重要的生产中心、商业中心、行政中心、文化中心以及居住社区。借助不同的建筑形式构建了完善的建筑网络体系，如行政建筑、商业建筑、居住建筑、娱乐场所、街道、桥梁、花园等。

现代都市不仅仅是建筑的立体空间网络，更重要的是它体现了人类复杂的生存欲望以及生存权的扩张。因此，都市不仅是传统居住系统所体现的空间结构，也是混杂着人类过去、现在、未来生存可能性的象征空间。随着技术的发展与文化的交融，都市建筑采取了越来越多样化的表现形式、越来越新的建筑材料，使之成为美学理念与生存理想的体现。都市建筑已经成为现代审美功能的载体，实用价值、造型形态都成为现代审美的表现形式。

第四，都市化生存对生存状态的影响。都市化生存以神秘的建筑艺术进行信息的生产与传播，借此实现对人类生存空间的控制与统治。在都市化的生存境域中，不仅都市市民难逃生存的异化，乡村社会也受到异化的威胁。

都市市民生存异化最为直接。作为生活与工作的场所，都市建筑成为都市市民生活的樊篱。一方面，都市为市民带来了极大的便利，丰富了市民的日常生活。另一方面，都市也限制了市民之间的交流与联系，抑制了生命存在的更多需求。都市休闲热就是摆脱都市建筑有限空间的表现。为了消除都市对生存的压抑，市民借助于自驾游、植树等活动试图消减都市对精神的伤害。

乡村村民生存异化间接发生。即使远离都市，村民的生存状态也受到都市精神的损害。一方面，都市为了拓展自身的存在领域，不断扩大都市边缘，吞噬乡村的空间。另一方面，都市的繁华生活对乡民有着极大的诱惑，并在不知不觉间开启了乡村都市化的进程，实际上是对乡村生态的同化。

不过，大都会周边还有农村、城镇的存在，在一定程度上缓解了都市生存的紧张状态，化解了都市居民的心理焦虑与精神病症①。现代大都市的迁移与变化过于迅速，人很难在其中扎根并对生存环境产生感情。

总之，时空性质的转变导致人类生存的时空越来越拥挤，新鲜事物之间交错重叠、更新迅速，生存所受到的限制也越来越突出，生存的审美化面临着越来越严峻的考验。

二　大众传播之异化

第一，现代媒体的堕落。在当今社会，媒体受到资本的垄断与控制，大众传播被商业性、功利性的氛围所笼罩，成为各种权力系统的代言人，失去了作为社会媒体应该具备的责任意识。

大众传播系统开始堕落。在传统社会中，大众媒体是社会与国家之间的调节者，起到沟通政府与民众的桥梁作用。但现在大众媒体发生了巨大的变化，成为政府或者商业发挥效力的重要手段。

现代社会中占据统治地位的是数字信息媒介系统，如电视网络等。数字信息媒介系统的构成与作用，及其与权力机构的关系，发生了很大的变化。大众传播系统作为权力系统的有机组成部分，在整个权力体系

---

① 蒋勋：《天地有大美》，广西师范大学出版社，2006，第148页。

的运行中起着不可替代的作用。它不但直接为经济、政治利益以及各种势力服务，而且其本身的运行也受利益斗争的驱使，并按照权力斗争的内在逻辑运转。

第二，大众传媒对现代生存的异化。大众传媒已经融入日常生活之中。现代社会结构的急剧变化要求加强不同个体、群体之间的交流沟通，同时，科学技术的快速发展也大大提升了现代媒体的社会地位，使之成为权力统治不可或缺的重要工具。借助于现代传播，现代权力机制实现了对社会的全面控制，大众传播也成为统治力量的象征。

大众传播对人的生存异化有重要影响。现代传播发挥其技术化、组织化的优势，将触角深入人类生活的方方面面。依靠数字化的便捷与网络化的覆盖，现代媒体成为人类生存世界的重要力量：不但左右人们的思想，而且直接影响人们的生存方式。现代生存世界离不开媒体，媒体传播的信息构成了人们认知与生存的基础。

大众传播的异化力量来自其在各种权力因素运行中发挥的中介作用。大众传播是各种权力因素相互联系的中介，是各种权力意识形态的载体，是论证各种权力合法性的工具，是各种权力因素的显示器。大众传播为权力关系网络的形成提供了极其便捷高效的工具，权力关系网络为大众传播提供了丰富的传播内容，并形成了相互依赖、相互促动的关系。科技、商业、政治、文化的相互结合，为大众传媒提供了完善的硬件设施与软件设施；大众传播作为权力游戏以及社会运作的工具，逐渐成为生活的中心。社会运作的复杂性、人类生活的多样性，也使权力的运行必须借助于中介，大众传播系统由此应运而生，成为当代权力系统运行的关键要素。

大众传媒借助于信号的制造和传播对人的存在进行管制。在现代社会中，人的生存世界是由信号系统构成的，每个个体的生存时刻都受到监控，没有人能够逃避大众传媒的约束。通过不断地重复、制造幻象，来侵蚀大众的思想和精神。没有人能够躲开大众媒体的骚扰，且都不同程度地受到了大众媒体的摆布。

大众传媒对生存的异化是各种社会综合因素相互作用的结果。科学技术发展所提供的硬件设施，权力网络相互渗透的社会系统的支撑，使媒体文化甚至整个人类文化都受到了主流意识形态的影响。无孔不入的传媒影响渗入人类生活的方方面面，甚至复杂的文学艺术创造也有了可操控、可重复的程序化模式，工具、技术、仪器、人造物侵蚀了媒体活动乃至艺术审美活动的空间，从而使整个生存系统缺少了更加自然、更具可能性的生存境域。

第三，大众传播异化人的生存的具体体现。大众传播所依赖的科学技术弱化了精神。启蒙运动时期渴望科学理性不但能解放人的身体，也能增强人的精神。但事实令人大失所望，科学理性的全面渗透并没有带来精神认知、精神自由、精神体验的全面提升，反而在某种程度上造成了新的精神贫乏、精神蒙昧甚至精神荒芜。

现在的生存世界是媒体创造的世界而非本真的世界。媒体在进行传播的同时，会根据传播效果对传播内容进行加工，以某种特定的架构组织传播内容，实际上是对现实的诠释，而非对本来面目的反映。为了达到最好的效果，会对其选择的故事底版进行结构上的重组、策略上的筹划、内容上的编排、语言上的修饰，以特定的视域、方向、角度向受众传播。冲突、暴力、争议以及危险的信息容易受到关注，大众传播也会进行渲染与夸张。

大众传播成为意识形态统治的重要工具。流行文化以大众传播为载体，意识形态灌输借助于流行文化的形态，因此，大众传播成为意识形态产生与流行的重要通道。现代社会的权力机构利用大众传媒传播意识形态，借助于流行文化掩饰其统治实质，成为现代人生存异化的重要来源。大众传媒总是向大众传播符合特定的意识形态要求的内容，社会大众则被统治阶层的意识形态同化。大众传播通过界定各种"现实""形势"的概念、含义，对某种特定的思想反复推销，以实现社会公众把媒体所创造的世界当成真实世界的目标。

大众传播对人的生存异化与经济、政治、文化紧密相关。现代大众传播充分发挥精英阶层以及代表人物的力量，制造各种独特的感性形式，将人们从精神与思想层面拉回到物质世界与感性欲望层面，使人们在消费中、在游戏中，不知不觉失去了对生活状态的反省以及对自身生存模式的考量。意识形态灌输的最高境界，就是使受众意识不到意识形态的内容。大众传播表面的中立性和客观性，以及不偏不倚的中间立场，使代表统治阶级利益的意识形态借助于抽象的形式得到了广泛的传播。

大众传播对人的生存异化与社会的生产消费紧密结合在一起。现代社会经济的重要特征是：不再仅仅满足人们的需要，还需要创造新的需要、创造消费活动本身，并为此创造消费人群。因此，大众传播宣扬消费意识成为重要内容。但在实际传播的过程中，并不是赤裸裸地进行商业广告似的宣传，而是对改造之后的消费文化进行传播，因此对人的生存的渗透能力更强。

大众传播对人的生存的异化与大众媒体自律的缺席息息相关。大众媒体不但已经被工商业巨头所垄断，而且其组织、制作与运行的完整过程都受到了严格的控制。在媒体日益成为大商巨贾经济利益的代表与意识形态的传声筒之后，媒体的自律精神受到了极大的损伤，与专业精神一起成为意识形态与利益博弈的牺牲品。

三　审美文化之转型

审美文化的转型，是影响人的审美生存状态的重要因素。对当前审美文化存在的问题进行简要阐述，以便对当前的审美生存境域有所了解，从而筹划出更具有针对性的审美生存方略。

第一，审美文化的市场化。所谓市场化，是指审美文化用服从市场代替了服从本然的审美规则。审美文化的出现，是当代经济生活变化的客观产物，是审美文化工业化的表现。

审美文化的市场化有两个渊源。首先，社会发展改革的颠覆。当市场化成为社会的根基之后，市场就具有了越来越突出的同化能力，要求更多的社会领域实现市场化，以便为市场化的发展创造有利的条件。其次，政府调整、改革的推动。政府迫使文化机构适应从计划经济到市场经济的转变，让文化实体在市场中通过竞争获得生存与发展的机会。

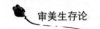

审美文化的市场化给审美生存境域带来了巨大的变化。

市场化改变了审美文化的判断标准。市场化的冲击导致审美文化的传统标准不再适用，经济标准用来衡量一切。审美文化开始从纯粹的审美属性，变成兼具审美属性与商品属性的混合体，审美文化把经济效益看得越来越重要。审美标准的改变，有利于增强审美文化生产与消费的欲望以及审美文化的活力，摆脱传统与政治的限制，促进审美文化的快速发展；同时也导致审美文化成为市场经济的附庸，成为生产与消费的载体，审美文化所具有的解放人的生存的作用大大减弱。

审美文化的市场化导致了审美地位的降低。审美文化的市场化，使审美文化成为市场的工具，实际上文化是超越外在现实与激发内在灵感的创造性活动，可以借此反对市场化的内在压力。市场化对审美文化本质的侵蚀，是市场化过程中必须面对的重要问题。与此同时，我国的市场化还不成熟，政治形态垄断依旧突出，对审美文化形成了双重束缚。

第二，审美文化的世俗化。世俗化是指审美文化从理性主义回归世俗生活的变化，体现为消费主义、个人主义的兴起。中国传统的审美思想本来具有世俗化倾向，但长期为民族解放、社会发展的宏伟目标所压制。

世俗化回归的原因。首先，国家层面鼓励世俗化的回归。20世纪90年代之前，抽象而模糊的社会主义现代化是政治意识形态的核心；90年代之后，以经济指标和生活质量为核心的小康社会成为政治意识形态的追求，这使人们的注意力转向了现实生活。其次，市场化推动了世俗化进程。市场化不但改变了社会经济生活的方式，也改变了大众的生活观念，而世俗化就是市场化的结果，也是市场化进一步发展的动力，双向互动中世俗化倾向越来越明显。

世俗化表现。审美文化放弃了原本具有的超越、反思、批判的维度，拒斥崇高、理想、激情，以现实生活为依归，重视的是快感、刺激、趣味、舒适、休闲。

世俗化进程。世俗化虽受到批判，但已成为审美文化发展的趋势。20世纪90年代初关于"人文精神"的大讨论中，如何自觉地抵制世俗生活的诱惑成为讨论的焦点问题，体现了审美文化世俗化对价值空间的挤压，以及世俗化进程不可阻挡的势头。

第三，审美文化的视觉化。审美文化的视觉化是指视觉文本成为审美生存的载体，视觉文本利用现代技术的包装和策划，创造出比现实更有诱惑力的图片、广告等图像文本。审美文化开始倾向于以图像化的方式呈现，改变了传统的审美认知方式。现在人们接收信息的主要方式从文字逐渐转变为图像。

审美文化视觉化的原因。首先，现代技术与大众传播丰富和提升了图像文本生产、传播的种类、质量与水平，增加了视觉文本互动交流的频率与深度，为审美文化视觉化提供了硬件支撑。其次，生存的世俗化倾向为审美文化视觉化提供了市场。消费主义的流行，享乐主义的蔓延，生活节奏的挤压，使细细欣赏不再可能，快速接收信息成为认知的主要目的，视觉文本恰好满足了这一要求。

当今世界已进入图像时代，也导致审美文化发生了急剧变化：没有永恒的神祇，只有短命的神灵。

第四，审美文化的多元化。审美文化的多元化是指审美文化的生态呈现多元共生共荣的状态。从一元独尊到多元共存的转变意味着审美文化领域相对自由与民主时代的来临，审美文化有了更多的发展可能性。

审美文化的多元化是发展的客观趋势。随着世界一体化的发展，西方文明必然会对传统的审美范式形成冲击，西方的审美观念会成为审美文化的有机组成部分。社会的解构与重组，不同生存方式的涌现与分化，大众文化的崛起与精英文化的边缘化，也导致价值系统的多元化。多元化是审美文化的现代特征。

第九章　审美生存的教化缺失

审美生存的教化缺失，主要是指审美生存困境中教育缺失的内容及其表现，这是实现审美生存必须认识到的重要问题，也是本节重点阐述的问题。审美生存的教化缺失，主要从四个方面展开，即功利化导致信仰维度缺失、齐一化导致差异维度缺失、规训化导致自由维度缺失、碎片化导致整体维度缺失。借此，可以为审美生存教化的开展提供参考。

一　功利化导致信仰维度缺失

功利化是现代性问题产生的根源。工业文明的发展、科学技术的进步极大地改变了人们的生存条件，同时也造成了严重的生存困境，如生存环境的破坏、精神生活的虚无、生存方式的单调等，人的工具化造成了人的生存本质的遮蔽。正如北京大学哲学系教授叶朗先生所言，人与自然的关系失衡、人的物质生活与精神生活的失衡、人的内心生活的失衡是当代生存世界的突出问题。[①]

第一，功利化导致人的生存祛魅。功利化主要通过工具理性呈现出来，指把人的理性与生存视为改造自然、改造世界的工具，并借此为人的生存创造更好的条件。人的生存活动转化为纯粹的手段，可以借助程序化的方式改善人的生存条件：无视人的精神需要，从工具化的角度考量人的生存。导致人的生存日益单调、枯燥与贫乏，人与物之间、人与世

---

① 叶朗：《胸中之竹》，安徽教育出版社，1998，第30页。

界之间、人与人之间的隔阂越来越严重，人的生存越来越趋向于绝望。①

功利化的趋向使人失去了生存的源头活水。功利化的驱使下，人虽然终日劳动，但是沉迷于名利、随波逐流，锐气与志气日益受挫，虽睹天高地厚而不知其意，虽得身体安逸而精神不明。审美生存就是要将人从这种庸常的生活中提升到生机盎然的境域中。德国哲人马丁·布伯认为，功利主义将人局限在主客二分的视域之中，割裂了人的完整存在，功利主义者眼中只有滞留于过去时光中的对象，只生存在过去而没有现在。只有超越了功利主义之后才能够生存在具有永恒特质的当下：现在并非转瞬即逝的时间，而是当下的永恒存在；功利主义的对象则是非持续的存在，并且是停滞的、僵死的、凝固的、匮乏的存在，是现存的丧失。本真的存在是当下的，对象的存在是过去的。② 功利主义所导致的主客二分，遮蔽了人的本真存在。

第二，韦伯对功利主义的批判。韦伯认为理性化的进程是祛魅化的过程。功利主义借助于科学技术的进步得以彰显，科学技术的进步导致生存世界理性化、理智化的程度不断加深，导致世界神秘性的丧失，并妄想借助于计算能力掌控一切。而在传统社会中，人们相信神秘力量的存在，认为世界是充满神性的有机整体，是充满神奇和魅力的，是具有价值和意义的。随着世界的理性化、理智化，世界原本具有的魅力、神性与诗意逐渐消失了。

祛魅化导致了人的生存世界的单调。祛魅化导致意义世界与价值世界的沦丧，单调、枯燥的世界代替了原本丰富多彩的世界，人的肉与灵、情与思相分裂，生存在物质丰富而精神匮乏的世界中，人成为自己所创造的物质财富的被奴役者。如何生活成为最重要的问题，韦伯对托尔斯泰的生存探索进行了分析。托尔斯泰虽然拥有富裕安逸的贵族生活，却执着于对生存的反省，甚至晚年为了更纯粹地思考生存问题而放弃一切离家出走。韦伯认为托尔斯泰对死亡的肯定是构成人生意义的基础，但

---

① 樊美筠：《中国传统美学的当代阐释》，中国社会科学出版社，1997，第10页。
② 〔德〕马丁·布伯：《我与你》，陈维纲译，生活·读书·新知三联书店，1986，第28页。

现代文明却用进步主义否定了死亡的意义，导致了现代人对终极关怀的冷漠与疏离。

第三，海德格尔对功利主义的批判。海德格尔强调人的真正存在是诗意地栖居。存在本性的彰显，需要从技术地栖居转向诗意地栖居。在功利主义占据统治地位之前，人的生存是诗意的。正如奥地利诗人里尔克所阐述的，一所房子、一口井、一座熟悉的塔，甚至亲人的衣物，都会让人感到亲切，他们可以从中发现人性并加入人性。① 借助于感情的投射，身边万物都成为往昔温馨的寄托，使人的存在具有无限的韵味。

功利主义趋势下，由技术来统治世界。世界现存之物皆被设定为可生产与可销售之物，人性与物性成为交易的产品，所有存在皆可交易，且用交易的产品来衡量所有存在的价值，于是存在遭到了遮蔽。

第四，马尔库塞对功利主义的批判。马尔库塞认为现代工业文明的功利主义最终会把人带入单向发展的轨道。在功利主义的趋势下，人日益成为理性的工具，人的发展日趋单一化。所谓的单向度发展，是指随着功利的、物质的、技术的追求越来越强势，精神生活日益受到挤压、漠视、驱逐，人成为单纯的功利性动物和技术性动物，情感生活与精神生活随之缺失。②

现代社会中的功利主义统治通过技术形式得以彰显。技术发展似乎是为了不断满足人的需要，商品更新换代的速度成为衡量生存质量的指标，文化领域也沦为交易的市场，交换价值取代了真实的价值。③ 人成为纯粹工具性的存在，并在所谓自由、舒适的生活中不断强化与巩固，成为现代文明的奴隶。④

第五，功利化趋势下的审美生存教育。哲人对功利主义的思考对开展审美生存教育有一定的借鉴意义。

首先，功利化是人类生存过程中必须直面的困境。虽然以工具理性

---

① 〔德〕海德格尔：《诗·语言·思》，彭富春译，文化艺术出版社，1991，第102页。
② 叶朗：《胸中之竹》，安徽教育出版社，1998，第310页。
③ 〔美〕马尔库塞：《单向度的人》，刘继译，上海译文出版社，1989，第53页。
④ 〔美〕马尔库塞：《单向度的人》，刘继译，上海译文出版社，1989，第31页。

为代表的功利化趋势对生存环境造成了破坏，但也改善了人类的生存环境，延长了人类的生存时间，其对于人类的益处是主要方面。① 人类在获得主体的满足之前，在主体客体化的过程中，客体的主体化是必然的选择。虽然工具理性并不代表人类生存的终极价值，但是也不能否定工具理性在人类生存解放中的重要意义。人类所应该做的是解决工具理性化过程中出现的问题。

其次，为了改善人类的生存处境，应对工具理性的功利化倾向进行调整、纠偏②，兴利除弊，发挥工具理性的作用，消除工具理性对生存的遮蔽。李泽厚先生主张用情感本体代替工具本体，重新恢复人作为充分人化、感情丰富的存在个体。摆脱工具制造与使用的核心怪圈，把"活着"的探索提升为"活得更好"的追问，将情感作为人类最根本的实在。

再次，审美情感应从功利主义中生发出来。功利主义使人性沉沦，让人在功名利禄、衣食住行的琐碎追求之中奔波，遗忘了存在的永恒本体，钝化了感知本然的能力，生存中罕见欣赏与妙悟。③ 情感本体则使人有意识地体味宇宙奥妙、人生神圣，强调体味、眷恋、珍惜等情感存在，推动人与生存境域的合二为一，使人从功利人生转变为审美人生。

最后，审美生存教育是摆脱功利化侵蚀的重要途径。浙江大学教授王元骧认为当代艺术缺少了人文关怀并已沦为消遣的玩物，艺术家缺少了对理想的追求而渐趋粗鄙浅俗，美学理论热衷于消解审美的超验意涵而仅被视为感官欲望的对象，功利化趋向对审美侵蚀异常严重。④ 而审美生存对生存终极关怀的重视，有利于刺激创造者的内在生命情怀，推动存在者以体证、交感的方式体验生存，有利于去除生存的遮蔽，实现生命的解蔽。⑤

---

① 李泽厚：《世纪新梦》，安徽文艺出版社，1998，第 14 页。
② 李泽厚：《美学三书》，安徽文艺出版社，1999，第 489 页。
③ 李泽厚：《美学三书》，安徽文艺出版社，1999，第 383 页。
④ 王元骧：《关于艺术形而上学性的思考》，《文学评论》2004 年第 4 期。
⑤ 王元骧：《关于艺术形而上学性的思考》，《文学评论》2004 年第 4 期。

二 齐一性导致差异维度缺失

第一，齐一性是现代科学技术发展的结果。现代科学技术以及在其基础上发展起来的科学技术合理性的论证逻辑在现代生存中扮演着越来越重要的角色，直接表现就是使现代世界陷入了科学技术的理性全面控制人的肉体与灵魂的境域之中。时间越来越被简化为线性的、空洞的、均匀流逝的模式，时间的生命内涵被遮蔽。科学技术所创造的理性齐一性，导致了人生存的迷失，这种非人的科学技术使人丧失了生存的基础①，导致了人格分裂。

齐一性的恶果已经在政治活动中得到了充分展现，近现代史上的独裁专制总是以齐一性的科学理性作为基础。在他们看来，人类世界存在同样的发展规律，只要掌握了规律，人类就可以操纵世界。尤其是后来科学精神被扩展到社会历史领域，坚信单凭某个阶层就可以掌握社会历史的全部发展规律并以之开展活动。现代社会中，科学精神的齐一性已经成为统治阶级论证自身合理性、抨击对手不合理性的工具。

第二，齐一性深刻影响了人类的生存命运。齐一性对人类命运的影响非常深远。近代历史上资本主义的殖民过程，就是将"进步"与"理性"的齐一性强加给被殖民者的过程，他们以"落后"与"反理性"为名强迫被殖民者接受殖民者的政治、文化、社会制度。实际上，之所以一再宣扬自身在制度、文化、社会组织上具有普遍理性，只是为了凭借政治霸权与经济优势推广自身的文化。

齐一性实际上是某种专制独裁的理性智慧。进步的与普遍的价值体系并非像宣扬者所说的那样存在齐一性，只是其在科技发展、社会斗争中自我中心主义的体现。齐一性是统治存在世界的暴力，因为其只依靠先进的科学技术征服世界，并借此树立其在经济、政治、文化上的霸权地位，将与之不同的存在形态清除出历史舞台。以至于被统治者的反抗，

---

① 〔法〕雅克·德里达：《宗教》，杜小真译，商务印书馆，2006，第92页。

也是将理性的齐一性作为口号和标准，人类的存在失去了多元的丰富形态。

第三，齐一性是影响审美生存的重要因素。审美生存是外在之境与内在之情的结合，其生成具有唯一性、不可重复性。德国哲学家卡西尔认为审美生存是构造性的，而且只有借助于构造性的活动过程，才能具有把握各种形式的动态生命力的敏感度。① 人们对审美生存的享受只有借助于创造的形式才能够感受到。② 审美生存，实际上是一种对感性世界的创造过程。生存本身只有涵盖多种存在形态，才能够显现生命之丰富性。"人生是一条不洁的河"，"我们必须成为大海，方能容纳一条不洁的河而不致自污"。③

创造性是审美生存得以展开的基础。朱光潜先生指出，审美生存获得的是对感性形象的直觉，是生存者性情的映照，因此直觉的形象会随着观照者的不同及境域的不同而千变万化。直觉的形象绝非固定不变的，因为直觉的形象是直觉对象与直觉主体的混合物，是直觉主体在特定情形中对直觉对象的创造性呈现。④ 郑板桥也指出，审美直觉是审美直觉对象所激发的主体的情感与想象结合而成的，是情景交融的意象领域，也是审美生存得以展开的基础。

第四，拒斥齐一性是审美生存的重要条件。审美生存不像科学创造那样具有齐一性，而是唯一的、不可重复的，这也是人存在的特性。"人的特点就在于他不仅担负多方面的矛盾，而且承受多方面的矛盾，在这种矛盾里仍然坚持自己的本色，忠实于自己。"⑤ 科学技术所获得的东西必须具有普遍性、齐一性，否则就无法成立。审美生存所建构的意象世界是不可重复的，"群籁虽参差，适我无非新"，审美生存的境域永远是新鲜的，人生存的解蔽也是依靠新鲜的意象得以澄明的。

拒斥齐一性是展开审美生存的重要条件。生存主体只有从日常生活

---

① 〔德〕卡西尔：《人论》，甘阳译，上海译文出版社，1985，第192页。

② 〔德〕卡西尔：《人论》，甘阳译，上海译文出版社，1985，第203页。

③ 〔德〕尼采：《查拉图斯特拉如是说》，余鸿荣译，北方文艺出版社，1988，第5页。

④ 朱光潜：《文艺心理学》，载《朱光潜美学文集》第1卷，人民文学出版社，1982，第18~19页。

⑤ 〔德〕黑格尔：《美学》第1卷，朱光潜译，商务印书馆，1986，第306页。

中抽离出来,从日常生活中的普遍经验中解放出来,才有可能进入审美生存的境域之中。如海上遇到大雾路程受阻、呼吸不便,本是心焦气闷的不快之事,但若跳出齐一性的日常经验,则会产生愉快新鲜的体验:浓雾如轻烟所做的薄纱,大海静谧安详,整个世界笼罩在薄纱之下,犹如身在梦境,似乎伸手可以拉着天上的仙人,整个世界表现得沉寂、寥廓、神秘。①

拒斥齐一性实际上就是物我关系从实用的转变为审美的。拒斥齐一性,就是拒斥看待物的寻常维度,拒斥实用经验中积累的看待事物的常态。因为"常态"独占了我们对物的觉知,视而不见、听而不闻物的"常态"之外的形象与特性,并且其程度会随着常态经验的增多而越发严重:常见越多,能见越少。但若丢开常态的实用的维度,就能够从平淡无奇的事物中发现奇资异彩的美妙。② 这就是摆脱齐一性的常态,进入审美生存境域的缘故。③

第五,消除齐一性是审美生存教育的重要内容。审美生存的实现,必须建立在消解齐一性的基础上。一般来说,可以通过延长时间与空间的距离得以实现。

扩展生存主体与审美对象之间的时间与空间距离,有利于消除常态的影响,进入审美生存的境界。人们在旅游过程中容易发现美,因为突然身处异己的环境之中,周围的物都还不是实用的对象,只能直接观照它们的形象本身,会觉得物本身光怪陆离,别有奇妙的韵味。④

当然,所谓的拉开距离,并不意味着远离生活世界,而是远离齐一性的思维模式。齐一性的思维模式遮蔽了世界的本然状态,拒斥齐一性则是对世界本然状态的澄明。如凡·高、莫奈能够在日常之物中展现意趣深涌的境域,使物本身更加丰富的内涵得以显现。⑤ 因为审美生存中的

---

① 《朱光潜美学文集》第1卷,上海文艺出版社,1982,第21页。
② 《朱光潜美学文集》第1卷,上海文艺出版社,1982,第23页。
③ 《朱光潜美学文集》第1卷,上海文艺出版社,1982,第23页。
④ 《朱光潜美学文集》第1卷,上海文艺出版社,1982,第23页。
⑤ 《朱光潜美学文集》第1卷,上海文艺出版社,1982,第24页。

物并非实用的物，而是物自身的物，是物之所以成为物的物，审美生存所展现的正是这不以实用出发的、庄严灿烂的全新境域。①

三　规训化导致自由维度缺失

第一，规训化是现代社会的重要治理手段。在社会变迁中，统治手段有了重大的变化，就是从惩罚系统转变为规训系统。在传统社会中，主要依赖惩罚系统规范社会秩序。进入现代社会，以监视、教化为主体的手段成为统治的首选。统治手段的范围拓展到非惩罚领域，同时统治实施的主体也拓展到更多部门。现代国家机器所建立的监视、教化与规训体系效率极高，可以对全体公众进行全方位、多时段的统治。

规训化的目的是便于更好地统治。现代社会是传统监狱的扩大与延伸，诸如工厂、军队、医院、学校都是按照监狱的形式建构的，借助于社会化的监狱培养温顺的公民。每个人都生存在监控系统占据统治地位的社会中，时时处处受到监视与规训。虽然自由、民主与人权都受到保障，但是规范、法律、协议的约束无法逃避。

虽然规训化是政治统治与社会治理的主要渠道，但是管理者应该同时意识到回归生存经验这一真正的生成性根源，意识到存在的动荡性也是理想存在的重要条件。"存在的动荡性的确是烦恼的根源，但同时它也是理想性的一个必要条件；当它和有规则的东西结合在一起时，它就变成一个充足的条件了……处于一个烦恼的世界中，我们渴望有完善的东西。我们忘了：使得完善这个概念有意义的乃是这些产生渴望的事情，而离开了这些事情，一个'完善'的世界就会意味着一个不变化的、纯存在的事物……必然并不是为了必然而必然，它是为某些别的东西所必需的；它是为偶然所制约的，虽然它本身是充分决定偶然的一个条件。"②

---

① 丰子恺：《艺术鉴赏的态度》，载《丰子恺文集》第 2 卷，浙江文艺出版社，1990，第 572~573 页。
② 〔美〕约翰·杜威：《经验与自然》，傅统先译，商务印书馆，1960，第 53~55 页。

真正的审美体验，来自对动荡、偶然因素所产生的阻力的克服。

现代社会的规训系统是英国哲学家边沁环形监狱的社会性实践。边沁把绝大多数人的最大幸福作为出发点，遵循最大效益的社会管理原则，认为环形监控的方式能够让监控者处于最有利的地位，可以随时随地对所有的犯人进行全方位的监控。全方位环形监控系统的投入，使统治者可以随时随地对任何公民的行为进行全方位的监控，每个人都暴露在国家权力的监控与规训之下，没有人能够幸免。这就是现代人生存的处境，也是现代规训展开的基础。

第二，规训化是现代社会发展的产物。环形全景监控系统、社会规训教化系统是社会发展的产物。经济的发展，能够使人以强大的经济实力为后盾来展开监控与规训。政治水平的提高，有利于对被统治者进行防范性的监控与规训，从而塑造更加温顺的民众。科学技术的进步，能够为全方位全时段的监控与规训提供技术支撑。

现代规训化监控体系的建立也体现了政治权力的全面扩张。规训体系的建构与运作，是国家权力对民众生活的全面渗透。把军队的监控功能与宗教的教化功能结合起来，并运用到各种社会组织之中，使之成为高度规训化的统治体系，以达到对整个社会进行全面统治的目的。

社会规训化的渗透是全面的。现代社会中的规训化不仅指军队、警察等，也包括各种社会组织的管理者与组织者，他们也负责对不同组织、不同阶层的人进行规训。在现代社会的规训体系中，监狱越来越像学校、工厂、军队那样进行规训，而学校、工厂、军队也越来越像监狱那样进行监控。而且，现代社会的规训系统更加制度化，每个人都生存在摄像头下面。

规训化是政治统治与社会治理的首要问题。国家诞生之后，对人的规训就成为极为重要的问题，中世纪的基督教还将身体的规训与心灵的控制紧密结合起来；近代以来身体似乎属于私人空间，实际上却意味着规训形式更加隐蔽，规训系统更加全面。

规训形式更加隐蔽是指近现代社会从法律与文化上保障个人身体的私有性与身体活动的自由度，但借助于法律规范的要求以及理性化的引导实现对人的控制。放弃了直接强制肉体的传统做法，借助于学习知识、道德教化、法律规范的过程使人成为社会需要的人，让人自觉自律地遵循社会规范，进而变成理性的、道德的、合法的存在者。

规训系统更加全面是指近现代社会的规训系统更加系统化与制度化，对人生存的控制也更加全面高效，每个人的行为方式以及成长方式都受到了规训。虽然自由是现代社会发展的口号，但是现代社会的组织化、制度化、法制化、管理化的程度却使人无法逃脱监控、教化与规训的场域。每个人的生存都是在监控与规训之下展开的。

第三，规训化对人的审美生存的影响。规训化使人的整个生存都更加遮蔽。现代监控模式实现了全方位全时段的监控与教化，人的生存被全面控制与全方位渗透。处于随时随地的监控与教化环境中，人自我选择的可能性大大降低，生存的丰富性也大大降低。由于随时可被监控、窥视，每个人生存行为的选择是更加理性化的选择，生命也成为非自身的选择。

规训化使人的身体与生命成为政治统治与社会管理的对象，而非生命本身自由的敞开与澄明。在传统社会中，统治阶级更多地关注如何从被统治对象那里获得财富。在现代社会中，统治阶级更多地关注如何处理被统治者的身体，使身体成为统治的重要对象。如对性生活的控制、对生育的控制，性本来是生命自然而然的本能，但是在现代社会中却已成为身体规训与人口生产的重要途径以及社会治理的方式。

规训化使生命未来发展的潜力大大减小。现代规训系统对人的监督与管理，不仅仅是为了限制与改变所有个体现在的所作所为，更多的是为了能够防范和引导未来所有个体可能出现的行为。现代的规训系统不仅仅监督和教化实际中存在的一切行为，还监督和教化未来可能存在的一切行为。这就使生命本身应该具备的丰富性大大降低，进而影响审美生存的实现。

第四，减少规训是审美生存教育的重要内容。规训化提升是现代社会发展的趋势。社会发展的程度越高，社会就越复杂，对个体的规训化也会越来越系统、越来越严密，这会促进规训化形式的制度化、精致化、理性化、科学化。社会上的每个个体都受到时时处处的监控与教化，所谓的自由实际上是以规训化的实现为前提和基础的。

审美生存教育必须注重发扬自由对规训化的辅助作用。人存在于被动规训与主动规训的处境中，必须注重自由的发扬，只有以贴近本真生存的方式进行生存的自主化，才能最大限度地让自身成为审美的存在者。这也要求现代教育的管理者与实施者都应该重视教育对象自由度的培养，而不能仅仅满足于知识的传授与规训的实施。

减少规训要求审美教化应引导存在者保持偶然性与稳定性之间的协调，不要过于排斥偶然性的存在①，它也是存在的有机组成部分。"偶然的和稳定的东西，不完善的和重复发生的东西的这种结合，乃是我们困难境况和问题的条件，也同样真正的是一切被经验到的满意状态的条件，它固然是无知、错误和失望的根源，但同样也是满足所带来的愉快的根源。"② 立刻得到的满足不会与欲望或者满意形成关联，而"一个好的对象，一度得到经验之后，就获得了理想的性质而引起了对它的需要和努力，某一个理想也许只是一个幻想，但具有理想这一件事，其自身却不是一个幻想，它体现着存在的一些特点"③。

四　碎片化导致整体维度缺失

第一，碎片化是现代社会即时性生存的产物。碎片化是从现代社会开始变得严重的。在人类早期，人是遵循整体性的维度生存与生活的，正如德国美学家席勒所阐述的，在古希腊时期，形式与内容、哲学思考与形象创造、成熟理性与丰富想象合而为一④。但现代社会的发展却使人的生存出现分裂：人性的内在关联被割裂，人的生存中充满了各种冲突与矛盾。现代社会是由不同个体构成的整体，按照机械的方式运行，道

---

① 〔美〕约翰·杜威：《经验与自然》，傅统先译，商务印书馆，1960，第52~54页。
② 〔美〕约翰·杜威：《经验与自然》，傅统先译，商务印书馆，1960，第52页。
③ 〔美〕约翰·杜威：《经验与自然》，傅统先译，商务印书馆，1960，第53页。
④ 〔德〕席勒：《审美教育书简》，冯至、范大灿译，北京大学出版社，1985，第28页。

德与法律、宗教与政治、目的与手段、生存与生活相分离，人成为庞大的机器中的一个零件，生存也变成了一个又一个的断片，生存的和谐被职业的专业性所代替。

碎片化生存源于现代社会对即时性生存的强调。现代社会强调当下即永恒，当下即时性的存在是一切存在的根基，也是最值得重视与珍惜的，因为瞬间是一切意义与活动的承载者，只有通过瞬间才能达成永恒的存在。强调瞬间性、即时性同时意味着瞬间的唯一性、不可替代性，瞬间是未来生存最可靠的保证，是创造永恒存在的坚实基础，点点滴滴的碎片成为最丰富的存在状态。

碎片化生存是对社会急剧变化的反映。在现代社会中，瞬间就可以完成传统社会需要长时间才能够完成的任务。借助于现代科学技术，现代社会在极短的时间内开展具有无限可能的活动，人们能利用碎片化时间处理各种事务并追求各种可能性。碎片化的生存成为现代生存的基本方式，成为人们创造希望与达成愿望的基本路径。

第二，碎片化对审美生存的重要影响。碎片化生存导致人们对现时的过度关注。现代社会强调生存是由新的碎片化存在所构成的，认为在当下的碎片化存在中包含着一切可能性，是人类获得永恒存在的通途。对现时的把握，决定了未来的一切。这造成了生存中对时尚与流行的追逐，时尚与流行就是在变化无定的碎片化存在中澄明自身的，瞬时即变成现代自认为最完美的存在方式。

碎片化生存导致了人们生存选择意识的弱化。每个个体对自身的生存方式与生存境域应具备某种选择意识，选择意识有利于人在日常生存中抓住某种永恒的东西、本然的存在。人应该学会把握生存境域的变化及其结构，使自身存在永远保持鲜活的生命状态。现实中，碎片化的存在导致人们只是生存在当下即时的境域中，没有有意识地把握那种同时存在的有利于激发生命活力的选择精神。

碎片化存在导致了生存整体性的丧失。碎片化使现代人处于流浪游荡的生存状态中，使其只对眼前存在的一切给予关注，随着境域的转变可以随时改变自己的关注点，让自身沉溺于当下的境域之中，缺少永久的坚持以及更高的审视。这是一种永远在路上，却不知道究竟往哪个方向走，以及怎样走下去的生存状态。这种生存虽不会肩负沉重的历史包袱，但是失去了生存的深度与厚度。

第三，碎片化对人的整体性维度的侵蚀。碎片化侵蚀了整体性存在的可能性。现代人都是流浪者，需要在永不停息的活动中获得意义与存在感，需要在不断地奔走与创造中体证自身的存在。碎片化境域下的存在者不断强制自身完成各种任务，而不是让自身进入本然存在的澄明之中，让整体性的生存涌现出来。

审美生存教育应注重对碎片化的反思。培养存在者的自律意识、自省能力，不但审视碎片化的生存模式带来的问题，还要致力于重建整体性的生存模式。现代社会中的审美教育，必须对碎片化的生存方式进行批判与重建，从而打通实现整体性生存的道路。这是审美生存教育应该肩负的重要责任，也是人的生存境域回归本然的客观要求。

审美生存教育应引导生存者从碎片化的快感中解放出来。现代科学技术创造了极为人性化的生存境域，使人们可以在很短的时间内去任何想去的地方，拥有不同的人生体验，越来越把拥有更多的空间与认识更多的事物作为自身追求。但过于重视速度的提升以及经验的拓展，反而没有机会细细品味存在的真意。这就要求审美教化引导人们学会如何在拥有速度工具的同时，还能够让自身保持悠闲的状态。因为速度刺激的是人的感官，但是不能使人产生审美的体验。在生活的加速度中学会减速①、学会缓慢生活，能够提高生存中的平衡能力，改善人的审美生存体验。

---

① 蒋勋：《天地有大美》，广西师范大学出版社，2006，第178页。

第十章　审美生存的世界奠基

所有的审美生存都是在特定的生存境域中，依托特定的生存主体得以展开的。审美主体作为历史的、社会的存在，其审美意识离不开社会、文化、传统、时代、经济、政治、文化诸因素的影响，这也是审美世界的诸多构成因素。鉴于审美生存要在特定的境域中展开，必然受到诸因素的影响，本章从优化自然环境、改善文化环境、改变审美生态三个方面展开阐述。

一　自然环境的优化

第一，自然环境是审美生存境域的物质基础。人类来自自然界的事实决定了自然界是人类的母体，人类必须借助于自然环境才能够更好地生存。自然环境是人类生活世界的重要组成部分，自然环境的差异，直接关系着人的审美生存状态。大自然的美是无穷无尽的，正如苏东坡在《赤壁赋》中所说的，"惟江上之清风，与山间之明月，耳得之而为声，目遇之而成色，取之无禁，用之不竭，是造物者之无尽藏也，而吾与子之所共适"。这也是每个存在者都能够充分体验的。

自然环境对审美生存的影响不可小觑。温克尔曼在论述古希腊艺术的时候曾明确地指出，希腊艺术的卓越成就与其文化环境、社会风气、国家体制、社会管理诸因素息息相关，但也离不开气候因素的影响作用。[1] 美学

① 〔德〕温克尔曼：《论古代艺术》，邵大箴译，中国人民大学出版社，1989，第133~134页。

家泰勒则更加明确地指出，人类文明的性质和状况取决于种族、环境以及时代三要素，其中种族因素离不开自然环境的作用。在他看来，自然环境会直接影响某个民族的生存方式与精神面貌，进而影响其审美趣味与审美状况。

自然环境是审美生存的根基。化育天地万物的是自然环境，世界的变化过程是自然界不断化育万物的过程，天地生生不息的精神是审美生存的渊源。天以阳生万物，地以阴成万物，孕生与培育的过程，也是审美生存根本精神的体现。① 中国古代所追求的天人合一的生存境界，即认为天地之间同属一个生命世界，应将仁爱之心推广到天地万物之间。此之谓"亲亲而仁民，仁民而爱物"②，"民吾同胞，物吾与也"③，"仁者浑然与物同体"④。天地万物与我本为一体⑤，对天地万物的爱实际上也是对自身存在的爱。

重视自然环境在审美生存中的意义，就要尊重自然万物各适其性的发展趋向。审美主体应该从生命的角度审视欣赏天地万物，以天地之心为己心。人与万物都是自然母体的产物，人不应把自己视为他物的主宰，人与自然界中的存在者是平等的关系。真正的爱鸟，并不是把鸟养在金丝笼里，而是能够做到遍地树荫，让鸟儿自由自在地飞翔、歌唱。审美生存中自然环境的优化，实际上也是为了创造出天地万物能够各适其性的生存境域，使之可以按照本性自由自在地生存，做到各适其性、各得其所。达·芬奇曾经赎买鸟笼之鸟放归于天⑥，即为尊重万物之本性生存。

第二，优化自然环境是审美生存的重要内容。自然环境是生存境域的重要组成部分，也是构成审美世界的物质基础。审美生存要求生存者

---

① 周敦颐：《周子全书·通书·顺化》。
② 《孟子·尽心上》。
③ 《河南程氏遗书》卷十一。
④ 《河南程氏遗书》卷二上。
⑤ 朱熹：《四书章句集注·中庸章句》。
⑥ 〔德〕瓦萨利：《画家、雕塑家和建筑家的生活》，转引自麦克尔·怀特《列奥那多·达·芬奇》，阚小宁译，生活·读书·新知三联书店，2001，第9页。

能够以审美的眼光审视世界，发现世界的勃勃生机，人在世界万物的生意之中体验万物一体，获得生存的力量与审美的愉悦。万物之中，生意是最值得欣赏的。① 不除庭前绿草，是因为从青草生长的过程中可以体会到天地万物之间的盎然生机。如果能做到"万物静观皆自得"，则能"四时佳兴与人同"，体验到"浑然与物同体"的和谐与快乐。

优化自然环境有利于提升人审美生存的质量。明代画家董其昌认为，正是因为注重眼前的盎然生机②，画家才能够长寿。优化自然环境，可以改善人寄寓其中的生存境域，改善自然环境也是改善人的生存状态。若能"人鸟不相乱，见兽皆相亲"，或者"一松一竹真朋友，山鸟山花好兄弟"，则生存之和谐与生意就会弥漫于生存的境域。自然环境不但能提供物质基础，还能给人以审美享受，"高秋总馈贫人实，来岁还舒满眼花"。如《聊斋志异》中天地万物、虫鱼鸟兽、花草树木都会幻化成美好的女子，与人之间产生生死与共的同体大爱，为人的生命增添美好情愫。

自然环境是人类实现审美生存的重要途径。意蕴深厚、变幻无穷的自然界内含着生命本身最真实的律动，生存者可以获得审美体验，并悟出人生真谛、宇宙真理。当人与自然界形成了相互依赖的生存关系时，就能借助于自然环境的千变万化，丰富存在者的审美内容与审美形式，提升存在者审美生存的可能性。

第三，优化自然环境是展开审美生存教育的重要途径。自然环境是人类寄托情感、映照人格的重要途径。自然环境能在提供物质生活产品之外，使人从琐碎的世俗生活中解脱出来，达至本真自然的生存意境。自然环境应成为审美生存教育的重要场域。在美好的自然环境中，人可以得到情感的慰藉与宣泄，也能借此形成对自然万物的爱。从而引导存在者热爱生活，更加珍爱世间万物，培养更加豁达的胸怀。

尤其对中国传统文化来说，美好的自然环境是怡情养性的重要场域，也是畅神比德的发生境域，在自然环境中塑造的审美人格是超越庸俗、

---

① 《河南程氏遗书》卷十一。
② 董其昌：《画禅室随笔》，载《历代论画名著汇编》，文物出版社，1982，第253页。

审美生存论

远离罪恶的重要手段。

优化自然环境应该注重对主客二分模式的矫正。在传统的思维模式中，人外在于世界且与世界的关系是现成的，实际上人是在世界之中的，且只有在人与世界的交融之中，二者才得以敞开与澄明。① 正是审美主体与世界的融合，才使世界不断展示出新的面貌来。②

二　文化环境的改善

第一，文化环境是影响审美生存的关键因素。所谓的文化环境，主要指包含了政治、经济、文化、宗教、哲学、风俗等多种人造因素的总和。这些因素是审美生存思想形成的环境，对审美生存状态具有不可忽视的影响。而审美生存思想一旦形成，就会对文化环境产生作用，二者之间是相互影响的关系。

在某种意义上，人的审美生存方式及内容是由文化环境所创造的。俄国美学家普列汉诺夫认为，人之所以形成不同的审美趣味，是由人类文化尤其是人类的生产力发展水平所决定的。③ 生产力水平决定了不同的社会关系，社会关系的变化则影响审美心理的变化，进而影响审美生存对象的选择。④ 如法国之所以能够成为欧洲最具有典雅趣味的民族，是因为法国君主政体的制度设计以及由此形成的传统风尚⑤，法国社会关系的变化导致了审美趣味与审美习惯的变化。⑥

审美生存的展现受到文化诸多因素的综合影响。美学家泰纳（也译

① 北京大学哲学系美学教研室编《西方美学家论美和美感》，商务印书馆，1980，第108页。
② 柳鸣九编选《萨特研究》，中国社会科学出版社，1981，第2~3页。
③ 〔俄〕普列汉诺夫：《普列汉诺夫美学论文集》第1卷，曹保华译，人民出版社，1983，第332页。
④ 〔俄〕普列汉诺夫：《普列汉诺夫美学论文集》第1卷，曹保华译，人民出版社，1983，第333页。
⑤ 〔法〕斯达尔夫人：《论文学》，徐继曾译，人民文学出版社，1986，第220页。
⑥ 〔俄〕普列汉诺夫：《普列汉诺夫美学论文集》第1卷，曹保华译，人民出版社，1983，第347页。

作丹纳）用时代精神与风俗习惯概括文化环境的诸多因素，强调审美生存是精神文明的产物，而精神文明取决于精神气候，精神气候是在时代精神与风俗习惯中形成的，时代精神与风俗习惯决定了审美的内容与形式。社会的物质基础，影响经济、政治、宗教等大环境的综合因素促成了时代精神与风俗习惯的形成①，并决定着一个社会中审美生存的基本状况。

第二，文化环境是改变审美生态的基本因素。文化环境决定了特定时代的精神需要、情绪要求以及特殊的技能，而这是实现审美生存的前提条件。文化环境的特殊性决定了审美状态的不同，如希腊崇拜肉体与灵魂的完美结合，因此缺少审美生存中的偏执反应；中世纪缺少对幻想的节制，审美直觉过于敏锐；近代社会推崇野心与欲望的自由展现，审美生存中必须面对人在重重跋涉中的焦虑与痛苦。②

文化环境决定了特定时代的审美典范。特定时代的精神需求、技能要求以及情感需要会在某些人身上得到集中体现，成为某个时代审美生存的典范。如古希腊崇拜擅长体育运动的裸体青年，中世纪重视清修苦行的教士，近现代则注重自我超越的浮士德以及痛苦忧郁的维特。③

时代精神、风俗习惯以及审美典范人物影响每个个体的审美生存。个体的审美生存是在特定的文化环境中形成的，其审美趣味以及审美风尚是时代的产物。因此，审美生存状态从整体到细节都受到文化的影响，表现为具体的审美趣味或者抽象的审美风尚。

第三，审美生存教育面临的文化困境。现代社会中审美生存思想的异化与社会文化状况对人的生存状态的影响息息相关。在西方文明经历了两次世界大战之后，人的价值、理性、精神，以及传统所建构的一切价值规范与生存理想，都被破坏殆尽，文明的幻象成为萦绕在人们心头的一团疑云。

中国社会面临同样的处境，经历了十年"文化大革命"之后，价值的迷茫导致了人文理想的流失。随着市场经济的发展，人性受到商品物

---

① 〔法〕丹纳：《艺术哲学》，傅雷译，人民文学出版社，1963，第64页。
② 〔法〕丹纳：《艺术哲学》，傅雷译，人民文学出版社，1963，第64页。
③ 〔法〕丹纳：《艺术哲学》，傅雷译，人民文学出版社，1963，第64页。

性逻辑的严重侵蚀，是审美文化优化面临的重要问题。

在文化环境不断改善的过程中，审美教化应重视对土生土长的智慧①的开发。土生土长的智慧，最贴近当前的生存境域，能从本质上看待生存境域中的事物，能更加真切地领悟当下存在的真实状况，从而更清晰、深刻地意识到存在的问题。在近现代，各种主义、教派让人无所适从，条条框框束缚下的生活让人们付出了极高的生存成本，但是如果能够回归生命最本真的体验、回归生活最切近的观察、回归人性最根本的判断，也可以抵达生存的本质。

三 审美生态的改变

审美生态主要包括审美趣味、审美格调、审美风尚以及时代风貌四个部分，下面就对这些要素展开简要的阐述，分析其在审美生存中的作用。

第一，审美趣味。审美趣味是指个体的审美偏好以及审美标准等因素的总和。审美趣味是个体审美生存倾向的集中体现，影响审美生存的展现形态。它不仅决定了审美生存的指向，而且影响审美意象世界的形成。具有不同审美趣味的个体，接触同样的审美对象时，其获得的审美体验是不同的。

审美趣味的形成是个体成长过程中各种因素共同作用的结果，如家庭状况、学习经历、生活状态等因素的影响，既包含个人因素，也包含社会文化因素。审美趣味的形成具有个体化色彩，与此同时，个体的审美趣味也是社会审美趣味的体现，因为个体的审美趣味是在不同的组织、群体、时代中形成的，不同个体的审美趣味存在共同点，个体的审美因素必然会体现群体的精神气质和时代风貌。审美趣味是个体因素与群体因素综合作用的结果。

---

① 王利芬：《我看冯仑的人生智慧》，转引自冯仑《伟大是熬出来的》，辽宁教育出版社，2011。

第二，审美格调。审美格调也是审美品位，是某个个体审美趣味的整体表现，它是由个体因素与群体因素等诸多因素综合作用而成的，受到家庭背景、文化水准、职业种类、生存方式、人生历程等方面的综合影响，是在个体长期的生存过程中形成的。

审美格调体现在生存过程中的各个方面。如巴尔扎克曾经明确地指出，根据一个人拿手杖的方式或吃饭、穿衣、走路的方式，可以看出一个人的灵魂，实际上是指通过一个人的动作可以看出他的审美格调。① 格调存在于人的一举一动之中，因此，纯正的语言、良好的教养、大方的仪表、文雅的举止甚至房间的摆设对个体展现自己的审美生存来说，都具有极大的价值。②

审美格调的最高境界是能够拥有纯正、高雅的审美趣味③。达到审美生存的状态，过风雅的生活，就是选择美好的存在方式，能与本真的存在相契合。审美格调的技能有利于在生存中通达各种存在关系，准确把握不同存在应该占据的位置及其意义④，从而赋予我们生存的世界以诗意⑤。

审美格调存在某些共同特征。法国文学家巴尔扎克对其所处时代审美风格的概括在今天还是有意义的。如说话要自然，懂得选择话题，能够让人感觉到自由平等，对话题恰到好处的讨论，赏心悦目的物件陈设，大方自然的流畅动作，简朴真挚的情感表达，宽容柔和的待人方式，等等。⑥

当代美国学者保罗·福塞尔曾经写了《格调》一书来讨论社会地位、文化水平、教养状况与格调的关系。他认为品位从相貌、身材、胖瘦、衣着、住房、消费、休闲、摆设、精神生活、语言等各个方面体现出来，

---

① 〔法〕巴尔扎克：《人间喜剧》第24卷，袁树仁译，人民文学出版社，1997，第5页。
② 〔法〕巴尔扎克：《人间喜剧》第24卷，袁树仁译，人民文学出版社，1997，第24页。
③ 〔法〕巴尔扎克：《人间喜剧》第24卷，袁树仁译，人民文学出版社，1997，第17页。
④ 〔法〕巴尔扎克：《人间喜剧》第24卷，袁树仁译，人民文学出版社，1997，第24 ~ 25页。
⑤ 〔法〕巴尔扎克：《人间喜剧》第24卷，袁树仁译，人民文学出版社，1997，第24 ~ 25页。
⑥ 〔法〕巴尔扎克：《人间喜剧》第24卷，袁树仁译，人民文学出版社，1997，第55 ~ 56页。

不同的品位意味着不同的生活阶层，是一个人全部生活的展现。①

第三，审美风尚。审美风尚是指某个特定时期内大多数人的审美趣味。审美风尚体现在生活的方方面面，如化妆、服饰、设计、艺术、社交等，是社会上大多数人的审美生存追求，并形成了某种整体性的审美氛围。审美风尚从侧面说明了文化环境与传统因素对审美生存与趣味的影响。

审美风尚反映了时代审美的趋向。如资产阶级兴起早期，审美生存的风尚是超越当下有限的存在，在更广阔的世界不断创造，形成全新的存在方式与存在群体。② 如文艺复兴时期，肉体已不再是灵魂的躯壳，健康、丰满、充满力量的肉体形象成为审美风尚③，崇尚性感成为当时人们的共同追求。

审美风尚对个体的审美生存影响极为深远，极少有人可以逃避审美风尚的浸染。即使智慧如亚里士多德，在古希腊男性佩戴珠宝的时尚中也紧跟潮流，戴了好几枚戒指。④ 即使激进如罗伯斯庇尔，对当时法国戴假发扑面粉的风尚也遵行无缺，每次外出都认真扑粉。⑤ 大智慧者与大革命者都被风尚所左右，可见风尚影响之深远。

审美风尚对审美生存境域的渗透力极强。审美风尚一旦形成，就会在很短的时间内传播到各个地方，甚至传播到极其偏远的地方。尤其是借助于现代科学技术与传播网络，审美风尚一旦形成，就能在全世界范围内迅速传播。好莱坞巨星的大幅海报可能出现在中国西北部的边陲小镇，巴黎名牌时装也可能出现在青藏高原的偏僻角落。

审美时尚的传播要经历从简单模仿到进入真正的审美生存境域的过

---

① 〔美〕保罗·福塞尔：《格调》，梁丽真、乐涛、石涛译，世界图书出版公司，2011。
② 〔美〕爱德华·傅克斯：《欧洲风化史：文艺复兴时代》，侯焕闳译，辽宁教育出版社，2000，第98~99页。
③ 〔美〕爱德华·傅克斯：《欧洲风化史：文艺复兴时代》，侯焕闳译，辽宁教育出版社，2000，第112页。
④ 〔美〕威尔·杜兰特、阿里尔·杜兰特：《世界文明史》第1卷，台湾幼狮文化公司译，华夏出版社，2010。
⑤ 〔美〕罗伯特·路威：《文明与野蛮》，吕叔湘译，生活·读书·新知三联书店，1984，第86页。

程，实际上就是中下阶层学习上层精英生活风格的过程。[①] 审美风尚的形成是阶层区分的一种途径。社会上层精英试图用某些可见的符号进行自我标示以与大众相区分，社会大众则试图采取同样的符号获得上层精英的认同；社会上层精英发现原来的符号体系已不能达到自我区分的效果，便会采取新的符号体系，进而引发新的时尚潮流。区分意识与求同意识成为时尚改变与时尚模仿的动力之源，也是时尚不断变化与轮回的原因所在。[②]

当代社会中审美时尚的传播与更新是非常迅捷的。时尚流行的时间或长或短，但当代社会中的更新异常迅速。这是因为审美风尚已经成为获得经济利益的工具，通过加速审美风尚的更迭，维系上层精英与普罗大众的区别，让普罗大众为了跨越审美风尚的鸿沟拼命追赶，从而创造更多的消费机会。审美风尚的工具化是审美生存异化的重要问题。

第四，时代风貌。时代风貌是指特定时期内比较稳定的审美风尚，是审美生存的时代特色与时代精神的体现，受到经济、文化、政治、社会等多种因素的共同影响。

不同时代的审美风貌会有明显区别。盛唐时代的雄浑博大，晚唐时代的忧郁清冷；又如中国现代化进程中前三十年的政治革命美学，以及后三十年的社会改革美学。不同时代的实践活动内容，决定了审美风貌的特征与差异。

---

① 高宣扬：《流行文化社会学》，中国人民大学出版社，2006，第 148～149 页。
② 高宣扬：《流行文化社会学》，中国人民大学出版社，2006，第 149 页。

第十一章　审美生存的主体建构

审美主体的建构在审美生存的践行中发挥着至关重要的作用。审美生存世界，最终要通过审美主体来实现。在人的生存中，美好动人的时刻很多，关键是自身能否配得上自己所承受的美好，因为人在生存中所能达到的美和伟大的程度，最终取决于审美主体。① 正如普罗泰戈拉曾经描述的那样，"我们每个人都是存在或不存在的尺度。对于同一事物，一个人的感觉与另一个人的感觉会有极大的不同。……人们既不可能思想不存在的东西，也不可能思想他没有经验到的事情，全部的经验都是真实的"②。心灵之美是审美生存的渊源，心灵才是审美生存中真正能涵盖一切的美之渊源。③ 心灵的映照，是审美生存得以形成的基础。本章从重视审美愉悦、发挥移情潜质、拓展审美心胸、提升审美层次四个方面对审美生存的主体建构进行阐述。

一　重视审美愉悦

第一，审美愉悦与生理快感的同异。审美愉悦是审美生存形成的重要标志，探寻审美愉悦是深入理解审美生存、完善审美主体建构的客观要求。

---

① 〔俄〕车尔尼雪夫斯基：《生活与美学》，周扬译，人民文学出版社，1957，第46页。
② John M. Cooper, *Plato Complete Works*. Hackett Publishing Company, 1997, pp. 185 – 186.
③ 〔德〕黑格尔：《美学》第1卷，朱光潜译，商务印书馆，1986，第2~3页。

审美愉悦不同于生理快感，是超越实用与功利的，是在物我交融中生成审美境域，生理快感只是对身体欲望的实际满足，完全来自外界的刺激，主体只是被动地得到满足。

审美愉悦离不开身体的基础，离不开人的生理感官。视听是审美愉悦的主要感官，审美愉悦是生理快感与精神快感的融合。占主导地位的依然是精神愉悦，审美愉悦中的生理快感也包含着精神因素，如林木如洗让人感觉到清爽，雪花如席让人感觉到兴奋等。

视听之外的感官所获得的生理快感也有可能渗透到美感之中，加强美感或者转化为美感。如爱人拥抱时肌肤相触的快感，欣赏自然美景时习习凉风吹拂肌肤的快感，欣赏美轮美奂的宴会大厅时珍馐美味传来的扑鼻香气等。这些生理快感使审美愉悦得到提升。

在人的审美生存中，审美愉悦涵盖了所有的人类情感，展现了生命整体的内在律动。德国哲学家卡西尔强调审美愉悦绝非单一的情感，而是在生命本身展现的动态过程中不同情感交互作用的产物，如人是在狂喜与绝望、欢乐与悲伤、希望与恐惧之间动态摆动的结果，在任何伟大的作品或者生存中，会体验到情感领域的所有可能性。①

在某些情况下，生理快感会在审美愉悦中发挥更大的作用。如在聋盲人中，触觉与嗅觉对审美愉悦的作用会较通常情况更加突出。在某些情况下，触觉能产生比语言更好的交流效果。美国作家海伦·凯勒曾经提及，她可以借助于触觉体验到许多美好的存在：感受到叶芽萌发的希望，体验着花朵丝绒般质感的神奇，甚至感受到树上鸟儿快乐高歌的震颤，从指尖上触摸季节变换的华章②，感受晨风中花朵优雅的摆动③。嗅觉同样可以带来审美愉悦，如金合欢花香气引发了她对花朵的触摸，由此产生了美好的生存体验。④

---

① 〔德〕卡西尔：《人论》，甘阳译，上海译文出版社，1985，第189~190页。
② 〔美〕海伦·凯勒：《我的人生故事》，王家湘译，北京十月文艺出版社，2005，第152页。
③ 〔美〕海伦·凯勒：《我的人生故事》，王家湘译，北京十月文艺出版社，2005，第33页。
④ 〔美〕海伦·凯勒：《我的人生故事》，王家湘译，北京十月文艺出版社，2005，第25页。

第二，审美愉悦中的食色及其意义。审美愉悦中的食色部分是与生理快感联系最紧密，又能给人带来审美愉悦的组成部分。食色本是人的生物本能①，是为了维持个体生命、延续种族生命而存在的两种本能。

当食仅仅是为了维系生命的时候，审美愉悦是不存在的。但是，随着生产力的发展，人们开始强调食之美味，食也就产生了超越功利的审美愉悦。在食的过程中，人的各种存在可以得到彰显，社会、历史的内容得以展开，从而在某些场合产生审美意蕴，成为审美愉悦的有机组成部分。

第三，审美愉悦中的性及其意义。色是性的欲望、行为与快感，这是人类种族延续的本能，也是审美生存的重要组成部分。性的欲望与快感本是人的生命力生发的表现，是提升人的生命力与创造力的途径，也是生成审美愉悦的重要依托。② 古希腊人认为性快感是美感，是审美愉悦的重要内容。人类的性欲是生物本能与文化精神的混合物，性的满足并不仅仅为了获得生理的满足，也为了获得心灵的相通与精神的提升。人类的性欲之美在于其从单纯的动物本能的满足上升为追求情与欲、身与心、灵与肉的交融。

生物性性欲与审美性性欲有着重要的区别。生物性性欲只是肉体状态的积蓄与释放，审美性性欲则是对个体意向与行为内涵的体验。前者遵循刺激反应的机械定律，后者则遵循文化精神层面的存在规范。前者是满足欲望之后的放松，后者则是对永恒的不断拓展与对自我的持续更新。性欲上升为创造丰富存在的活动，成为通向更高存在的阶梯。③

审美性性欲是引导人追求高贵生存的力量。审美性爱欲是一种强大的内驱力，引导人与能够使其自我发现与自我实现的人合二为一，与生存的更多可能性合二为一。④ 通过合二为一的激情体验，克服个体的孤独感，引出共享的新的存在状态，拓展双方的生存深度，推动人的自我超

---

① 《孟子·告子上》。
② 高宣扬：《福柯的生存美学》，中国人民大学出版社，2005，第467、477、487页。
③ 〔美〕罗洛·梅：《爱与意志》，冯川译，国际文化出版公司，1987，第71、78页。
④ 〔美〕罗洛·梅：《爱与意志》，冯川译，国际文化出版公司，1987，第72～73页。

越与自我实现。① 从审美性性欲中，人可以接受并产生对他者的温存感，获得新的生命力，拓展存在的意义维度，体验到激情唤起激情的极大快乐，甚至天地合一的宇宙感。②

审美性性欲的存在，可以使庸俗的世界变得绚丽，使平淡的生活充满芳香，使流逝的时间变成让人神魂颠倒的良辰美景，把人引入诗意生存的境域，为人的生存创造刻骨铭心的欢乐时光。审美性性欲是人的生存中最震撼人心的时刻，能创造让人窒息的审美情景，这是审美的高峰体验，也是审美生存的深刻体现。

二　发挥移情潜质

第一，移情是生成审美生存的重要条件。审美生存的过程，始终内含着移情的过程。没有审美情感的转移，审美生存是不可能的。当可以移情时，才会"登山则情满于山，观海则意溢于海"③，移情能够做到"兴体以立"④。

移情是审美主体在审美过程中把自己的情感转移到审美客体上，从而与审美客体产生共鸣的现象。审美主体在审视生存世界时，设身处地观察生存境域中的事物，赋予没有生命的东西以意志、思想、感觉和情感，使之变成有生命的东西，借此与审美对象产生共鸣。⑤ 审美生存意象世界的创造是借助于移情作用实现的，如云飞泉跃、山鸣谷应，赋予原本无生命的存在以动作、生命甚至情感，如"天寒犹有傲霜枝"等⑥。移情能够使无生气的存在充满生气，使无情感的东西充满情感。⑦

---

① 〔美〕罗洛·梅：《爱与意志》，冯川译，国际文化出版公司，1987，第74页。
② 〔美〕罗洛·梅：《爱与意志》，冯川译，国际文化出版公司，1987，第357~361页。
③ 《文心雕龙·神思》。
④ 《文心雕龙·比兴》。
⑤ 朱光潜：《谈美》，载《朱光潜美学文集》第1卷，上海文艺出版社，1982，第463页。
⑥ 朱光潜：《文艺心理学》，载《朱光潜美学文集》第1卷，上海文艺出版社，1982，第41页。
⑦ 朱光潜：《谈美》，载《朱光潜美学文集》第1卷，上海文艺出版社，1982，第465页。

移情可以帮助审美主体从物我两忘进入物我一体的生存境界。审美主体的情趣与审美客体的情趣可以交互影响、往复回流。一方面，我的情趣影响到物的呈现，如快乐时山河欢笑，悲伤时花鸟愁苦。"思苦自看明月苦，人愁不是月华愁。"① 另一方面，物的呈现影响到我的情趣，如高山大海令人敬畏谦卑，鸢飞鱼跃令人心旷神怡。"夕阳能使山远近，秋色巧随人惨舒。"② 在审美境域中，审美主体与审美客体之间是交互感应、相互影响的关系，这一关系建立在移情的基础之上。③

第二，审美移情的生成过程与基本特征。审美移情是深入生存世界的方法。当遇到外在世界存在的物时，不管它的存在形式如何怪异，都能把自身移植到它的存在中，赋予它存在的感觉，体验其存在的生命。移情能够超越相似性的要求，不仅可以与动物一起跳跃，与鸟儿一起飞翔，与鱼儿一起游动，还能够与外界的静物发生关联，如体验幼芽的萌发，感受风中摇曳的快乐，使无生命的存在物充满意义，把死板的存在状态变成充满生命力的存在。④ 借助于移情，人的生命与物的生命可以相互交融，互相拓展。人完全沉浸到物的存在之中，物也完全进入人的存在之中，人与物融为一体。

审美移情的基本特征。首先，审美的对象是能体现主体生命力的存在。物之所以能够成为移情的对象，不是决定于构成此物的质料，而是物的存在形式昭示所呈现的意象。⑤ 并不是所有的存在形式都能发挥移情的作用，只有使审美主体充满力量、充满生命激情的存在形式才有可能。⑥ 物的生命与物的形式是合二为一的，如此才能构成移情的意象世界。其次，移情的审美主体是进行审美观照的存在，是在物中体验自身存在的

---

① 戎昱:《江城秋夜》。
② 晁说之:《偶题》，载《嵩山集》卷七。
③ 朱光潜:《文艺心理学》，载《朱光潜美学文集》第1卷，上海文艺出版社，1982，第41页。
④ 〔法〕洛慈:《小宇宙论》，转引自朱光潜《西方美学史》下卷，人民文学出版社，1964，第254页。
⑤ 朱光潜:《西方美学史》下卷，人民文学出版社，1964，第261~262、264页。
⑥ 朱光潜:《西方美学史》下卷，人民文学出版社，1964，第261~262、264页。

存在，而不是为了功利实用而与物对立的存在。① 在移情过程中，只有直接感受物的存在，并把自身的生命与经验投射到物中，体验到审美观照对象中鲜活的生命力，才能获得审美的愉悦。最后，移情借助物我合一，把人的生命力灌注到物之中，物的存在展现了人的情感、思想与生命，成为人美好存在的象征②。

第三，审美移情对审美生存教育的重要意义。注重移情能力的培养。审美意象世界的生成离不开审美形式与审美情感的融合与渗透，在不同的审美生存境域中，审美移情作用的强度存在差异，但不可能离开移情的作用。所谓审美生存，就是借助于移情，消除人与物的隔阂，让人重新获得整体性的生存体验。因此，审美生存离不开移情作用的激发与培育。

注重物我合一的体验。移情的关键是物我如一。在审美生存教育中，应注重建构人的存在与物的存在相统一的关系。只有在人与物相统一、情与景相交融时，物我之间的对立才会消失，审美生存的意象世界才会生成，审美生存才会成为可能。

三　拓展审美心胸

第一，拓展审美心胸是达成审美生存的重要条件，是体证审美生存的通途。对生存本体的观照与认识是审美生存的大道，审美生存的最终境界是把生存变得合乎大道的要求。为了认知和体证大道的存在，要先消除一切顾虑，以空明的心境观照大道，此即谓中国思想家所提倡的"涤除玄鉴""澄怀观道"。

审美心胸的狭隘阻碍了审美生存的实现。平日里人总是按照利害得失的标准去审视世界、认知世界，心胸被不少琐碎的事务所占据，视域被很多繁杂的细节所牵绊，从而无法认识到审美生存的本真与整体。当人排除了得失观念的干扰，摆脱了感性的束缚与知识的异化，保持心境

---

① 朱光潜：《西方美学史》下卷，人民文学出版社，1964，第261～262、264页。
② 朱光潜：《西方美学史》下卷，人民文学出版社，1964，第261～262页。

的空灵时，就能做到"无己""丧我"，达到高度自由的"至善至乐"的审美生存境界，得以"游心于物之初"①，从而获得"不知所求""不知所往"的自由，并回到本真的生存状态。只有摆脱利害得失的束缚，才能超越功利追求与世俗逻辑的限制。

第二，审美心胸的基本特征。首先，要保持自然状态，破除功利之心与分别之心的干扰。功利之心把整个世界视为达成某种目标的工具，意识不到世界存在的意蕴；分别之心斩断了万物之间的联系，使人体验不到诸存在之间千丝万缕的关联。功利之心与分别之心的存在，遮蔽了世界的丰富性与关联性，使人的生存变得枯燥而单调。保持自然状态，有利于发现与体验更加丰富、更加整体化的生存境域。

其次，要保持本真的状态，破除成熟之心与理智之心的干扰。童心就是赤子之心，也即绝假纯真、一念本心。成熟之心使人沉醉于某种对世界的固定认知与体验模式中，理智之心则使人以知识考量代替了审美体验，都无法使人获得当下生存的真实体验。只有坚守本真的童心，才能获得对世界的真实感受，也才有可能进入审美生存之中。孟子强调赤子之心，老子注重婴儿状态，就是强调保持自然天性是生存的最高境界，可以体验到生命丰富、深厚的意蕴。② 约定俗成的思维模式，利害得失的理智顾虑，使本真的生存遮蔽起来。

最后，要保持悠闲的状态，抵抗忙碌之为与焦虑之意的侵蚀。忙碌是为了追求功名利禄，却使人陷于患得患失的焦虑中，心灵为外物或者某个特定的目标所占据，无法以空灵、自由的状态承受本真存在涌现出来的各种可能性，人的生存异化为功利的工具。保持悠闲的状态，可以让自身从忙碌的活动与焦虑的情绪中解脱出来，看到世界上更加丰富的存在，体验到更多存在的可能性。因为"闲来无事不从容"，"万物静观皆自得"，所以悠闲能够让人"道通天地有形外，思入风云变态中"。悠闲观照，可以让人摆脱功名利禄的烦恼，在风云变幻中，保持自由从容

① 参见《庄子·逍遥游》《庄子·田子方》。
② 袁宏道：《袁中郎全集》卷三。

的生存状态。

悠闲对于审美生存，具有重要的肯定意义。只有保持悠闲的状态，人所作所为才能够契合物之本性，"静者有深致"，从而发现物本身的美，同时体验到生存的舒展与从容，"空故纳万境"，以自由空灵之心胸容纳万境，拓展生命的诸多可能性。

第三，拓展审美心胸在审美生存教育中的重要意义。拓展审美心胸应该是审美生存教育的重要内容。人之为人，精神生活的重要性不亚于物质生活，拓展审美心胸是丰富人的精神生活的重要条件。只有拓展了审美心胸，才能够保持自然、本真、悠闲的状态，消除功利之心、分别之心、成熟之心、理智之心、忙碌之为、焦虑之意的影响，体验生存更加本然、丰富的可能性。只有拓展了审美心胸，才有可能发现生活中本来的美，让自己具备审美的眼光，并进入审美生存之中。

此外，在审美生存教育中，尤其要注意保持悠闲状态。人只有学会"忙里偷闲"，有了"闲暇"之后才会有"闲心"，有了"闲心"才会去审美，才会发现生活中存在的各种美好。只要具备了豁达的心胸，就会从最普通、平常的存在中发现美，做到"过目之物，尽是画图，入耳之声，无非诗料"，获得生存的慰藉。

四　提升审美层次

第一，提升审美层次是审美生存的重要方面。审美生存是超越个体有限存在的精神活动，超越性是审美生存的重要特征，提升审美的层次性是审美生存的需要。在审美生存思想史中，审美生存一度被等同于宗教体验，如罗马时期的宗教哲学家普洛丁认为审美生存是在清修静观中达到的信仰状态，借助于神性赋予的直觉能力，人可以瞥见上帝的绝对之美，并与上帝合二为一。甚至按照上帝的特征，美被界定为光与和谐。[①] 或者认为世

---

① 〔波〕沃拉德斯拉维·塔塔科维兹：《中世纪美学》，褚朔维等译，中国社会科学出版社，1991，第38～42页。

间之美是上帝之光的反映，审美的神圣性在于窥见上帝之美。

审美生存的超越性与宗教体验的超越性具有共性。很多伟大的科学家认为可以从科学研究中获得审美感与宗教感，视之为自然宗教情感或者宇宙宗教情感。如德国生物学家海克尔强调生命的丰富让人赞叹不已，生命的运动让人敬畏不已，宇宙的规则让人肃然起敬，这就是科学研究中的自然宗教情感。[1] 又如物理学家爱因斯坦科学研究中对不能洞察的存在的认识，对原始形式中所展现的理性奥妙与灿烂之美保有宇宙宗教情感[2]，这种宗教情感是科学研究的根本动力。只有那些真正具有宗教情感的人，才会有伟大的成就，因为他们相信人类凭借理性可以感受到宇宙的完美，会凭借这种强烈的信念进行不屈不挠的探索，从而取得极高的成就。[3] 他所推崇的斯宾诺莎似的对神的理性之爱，即能够体验到从存在整体的和谐有序中涌现出来的上帝[4]，这是对整体存在的审美体验。

爱因斯坦所追求的审美生存体验包含以下内容：对自然界如痴如醉的迷恋；对美好事物的洞察，美好事物的神秘感及其带来的体验[5]；将人从日常生活体验提升到体征宇宙和谐、万物演化的境界；对宇宙神秘秩序的敬畏与崇拜；对世界宏伟结构的敬畏，对生存世界的喜悦，对自然规律的敬畏等。杨振宁也阐述过类似的观点，他认为自然界中的奇妙现象、不可思议的神奇结构会引发灵魂的触动，让人产生信仰般的情感，窥见宇宙奥秘的伟大公式，体验到神圣、庄严的终极之美。[6]

第二，不同审美层次对审美生存的影响不同。审美的确存在不同的层次。最一般的是对生存世界中具体事务的审美，然后是对整个人生、历史的审美，最后是对世界整体、无限宇宙的审美，也是爱因斯坦等人

---

① 〔德〕海克尔：《宇宙之谜》，苑建华译，上海人民出版社，1974，第325页。
② 〔美〕爱因斯坦：《爱因斯坦文集》第3卷，赵中立、许良英译，商务印书馆，1979，第45页。
③ 〔美〕爱因斯坦：《爱因斯坦文集》第3卷，赵中立、许良英译，商务印书馆，1979，第256页。
④ 〔美〕爱因斯坦：《爱因斯坦文集》第1卷，赵中立、许良英译，商务印书馆，1979，第45页。
⑤ 李醒民：《爱因斯坦》，台湾：东大图书公司，1998，第427～428页。
⑥ 杨振宁：《杨振宁文集》下册，华东师范大学出版社，1998，第85页。

所强调的宇宙宗教情感。一般的审美让人从现实生活中看出诗意，使人获得审美愉悦和精神慰藉。对人生、历史的审美，有利于人站在更高的位置上把握自身的生存与活动，有利于实践活动的充分展开与生命存在的幸福喜乐。最高的审美则超越了个体存在价值与意义的限制，让人窥视到无限、完美与永恒，在终极完美中实现灵魂的狂欢与超越。

最高的审美生存境界具有更加自由、更加贴近人的存在的特征。首先，审美生存本身就是对审美主体存在的体证，借助于审美意象世界的创造绽放人的存在。传统宗教超越了排斥个体与感性的成分，追求主体消失的绝对精神世界。审美生存的超越则在一定程度上实现了物质世界与精神世界的统一。其次，审美生存的超越是在自由状态中实现的。传统宗教的超越需要借助于既定的宗教教义，需要建立在对上帝绝对依赖的基础之上。因此，审美生存的超越，是一种更具自由度、更能绽放人的存在的超越。

特别是融会了科学理性精神的审美生存的特性尤其突出。爱因斯坦不断阐述，自己所推动的宇宙宗教不是对人格神的信奉，而是对宇宙整体秩序与和谐的赞叹。大自然宏伟壮观的结构令人谦卑①，宇宙秩序所呈现的无限完美的精神令人敬畏②，生存世界所呈现的结构令人赞叹③。审美生存的最高境界，让短暂的生命存在具有了永恒的可能性。

第三，审美生存的神圣性维度之价值。审美生存应具备神圣性维度④。审美生存的神圣性维度体现在人的宇宙感上，人的存在能够感受宇宙整体的无限之美。借此，人可以微弱之躯与宇宙整体相沟通，体验宇宙的庄严与神圣，在敬畏与谦卑之中体验灵魂的喜悦。这是审美生存的最高境界，使人达到并超越了宗教信仰的层次。

审美生存的神圣性具有永恒的价值。作为有限的存在者，人天生具

---

① 〔美〕海伦·杜卡斯、巴纳希·霍夫曼编《爱因斯坦谈人生》，高志凯译，世界知识出版社，1984，第41页。

② 〔美〕海伦·杜卡斯、巴纳希·霍夫曼编《爱因斯坦谈人生》，高志凯译，世界知识出版社，1984，第44页。

③ 〔美〕海伦·杜卡斯、巴纳希·霍夫曼编《爱因斯坦谈人生》，高志凯译，世界知识出版社，1984，第58页。

④ 张世英：《境界与文化》，人民出版社，2007，第245页。

有追求无限与绝对的精神需求。随着社会的发展，人追求绝对与永恒的具体形式会有所转变，但其精神需要会永远存在。人之为人，正是基于人在无限的超越追求中才得以实现的。审美生存是更加自由、积极的超越，将在人的生存解放中发挥越来越重要的作用。

审美生存的神圣性是人的本性的体现，也是人类提升生存境界的动力。作为有限的存在个体，人有着追求永恒与无限的精神需要，超越现存的有限性就成为人的本性。审美生存的神圣性超越了主客二分的有限对立，在物我一体中追求天人合一的生存境界。把个体生命融入世界宇宙之中，获得对有限存在的超越。这种审美的超越性可以用"凝神遐想，妙悟自然，物我两忘，离形去智"① 来概括，这也是审美生存创造的渊源所在。

第四，审美生存层次对审美生存教育的启发。审美生存教育只有对审美生存层次足够重视，才能提供恰当的教育内容，不断增强审美生存教育的针对性。应承认物质生活对于人的生存与发展的重要意义，但也应看到人对精神生活的向往与追求。仅仅为人提供锦衣美食，却不能让人体验到生存的自由与超越，不能摆脱有限存在的束缚，精神的超越就无法实现，生存也是不快乐的。若能做到敞门开户、坐堂出室、登高远眺、心游八方，则能在精神上获得永恒的满足，体味到生存的意义。

审美生存教育应重视对存在者超越性能力的培养。超越性能力的培养应从两个方面入手。从宏观角度来说，是从主客二元对立转向主客合一。因为在生存世界分裂的境域之中，人被局限在自我的樊笼里，不可能获得真正的自由，也很难达到审美生存的状态。在主客合一的状态之下，人能够超越个体的限制，重回与生存境域合一的世界之中，能够在精神上获得真正的自由。从微观角度来说，要注重培养个体超越的审美技能与生存意识。如对视听感官审美观照能力的培养，使人能够在有限中看到无限，从平常中看出诗意；对审美超越意识的培养，把人的注意力从琐碎的存在，转移到生命的神奇与世界的壮观上。

---

① 张彦远：《历代名画记》。

第十二章　审美生存的技艺锻炼

审美生存真正的价值，在于使人类的生活充满诗意。人生在世，必须对审美生存的技艺进行锻炼，让自身诗意地栖息在大地之上。下面就从生存的艺术化、审美的实践化、超越的整体性、死亡的生成性四个方面，对审美生存应重视的生存技艺进行论述。

一　生存的艺术化

第一，审美生存艺术化的渊源及内容。人类文明早期，就有比较显著的审美生存艺术化思想。如在马其顿时代，就有很多关于生存艺术化的箴言，还有大规模的实践：马其顿人不参与农业耕作与经营，原因是为了能够把全部精力都用来使自身的生存艺术化。在他们看来，使生存艺术化是必须全力投入、心无旁骛的神圣事业，是需要不断维系、创新与实践的事业。

审美生存的艺术化决定了人的生存品质与审美状态。人应该学会借助于外界存在挖掘自身潜力，不断提升自身的生存美感和生存品质。生存的核心应该是使自身的生存艺术化，所有的地位、财富以及社会环境都应该围绕着这个目的展开。只有这样，才能够把人的生存世界变成生命的乐园和充满美感的生存境域。

生存的艺术化是人生存过程中的重要实践。即使是在各种劳动过程中，也存在生存艺术化的内容。生存艺术化也是人的工作与生存的实践。生存艺术化是生存实践本身的要求，是把生存活动变成艺术创作以及具有审美趣味的过程。生存的艺术化不仅仅是指善于让自己少犯错误，更重要的是恰当地处理一切生活事务的生存实践。

生存艺术化是人之为人的重要标志。马克思早年在撰写《1844 年经济学哲学手稿》时已经明确指出，人的生存与动物的生存不同的地方在于人能够在从事生产劳动以及日常生活的过程中坚持艺术化的要求，从而在产品中展现人的审美要求与审美精神。生存的艺术化是在永无休止的自我创造过程中追求生存的审美。在人的生存中，存在对审美生存的渴望，同时审美生存也必须在绵延不绝的自我更新与自我创造中实现。失去了审美的生存，是没有生命力的框架，成为任人摆布的工具。审美超越的程度既决定了人与动物的根本区别，也决定了人与人之间生存品质的区别。只有在审美超越中，人才能实现自身生存与生存境域的双重提升。

第二，生存艺术化是个体生存与生存境域共时互动的创造。生存艺术化的能力及其实践程度，必须体现在个体生存与生存境域的共时互动的过程中，这样才能充分体现生存艺术化的审美价值。人应在生存过程中完成对生存自身以及生存境域艺术化的双重创造。生存艺术化是存在的本质要求，因为人的存在是在世界之中的存在，人的生存状况与生存境域密不可分。生存的艺术化，必须使个体生存与生存境域的完善同时进行。

生存的艺术化包含人与人之间的互动审美超越、人与物之间的互动审美超越，生存的艺术化也是审美主体关系的艺术化。如何处理个体存在与他者的关系，如何促进个体存在与生存境域之间的互动，是生存艺术化的重要内容。关心自身与关怀他人、善待他物在审美生存中同样重要。以此，才能"常善救人，故无弃人；常善救物，故无弃物"①。

第三，生存艺术化是生存与艺术的双向互动。生存是人进行审美超越最直接最根本的场域。生存的艺术化只有在审美生存中才能够充分地体现出来，生存场域是一切审美超越的基地。当然，生存的艺术化并不是否认生存与艺术的区别，而是强调生存艺术化对于人的生存以及艺术

---

① 《道德经》第二十七章。

创造的重要意义。艺术源于生活，只有源自生存境域的艺术才会得到真正的提高。人的生存艺术能为人以及艺术的发展提供最富有生命力的可能性，生存本身的复杂多样与变化多端，是审美灵感最为坚实的基础。

生存与艺术是双向互动的关系。生存本身是艺术创造的资源宝库，可以为艺术提供丰富的思想资源；生存的艺术化，又能为人的生存提供自我更新的动力。借助于生存的艺术化，人可以从自身中解放出来，发现不同于平常所体验的生存境域，它能够赋予心灵以自由，把生存变成充满意义的审美创造过程。审美生存的过程，也是对生存进行艺术加工与艺术创造的过程，是对生存的艺术化实践。生存艺术化是学会生活艺术化的智慧，是生存技巧与生活艺术实践经验的结晶。

第四，生存艺术化的重要因素。首先是节制。生存的艺术化要求能够恰到好处地满足欲望，选择不早不晚、不快不慢的时间节点。让自然的欲望得到适当的满足，同时又能与他者他物保持协调，这需要节制的艺术。

其次是差异。生存艺术化的实践智慧建立在人的个体性经验的基础之上，不同个体之间的实现形式必然有所不同，因此，不能强求所有的生存者遵循同样的生存艺术化方式，而是要学会选择适合自身的方式与容纳别人的方式。

最后是创新。生存的艺术化是日积月累永不停息的实践创新，需要终生的反复训练、专注体验与不断提升生存技艺，并非解决暂时性生存危机的工具。这就要求人在生存过程中，要坚持不懈地进行艺术化。

第五，生存艺术化的展开。生存艺术化是在关系网络中展开的，人的生存活动是在与他人他物的网络中进行的。生存的艺术化，在一定意义上是艺术化地处理各种关系，从而既能够顺利处理各种关系，又能够挖掘自身的潜力，积累生存的经验，最大限度地满足欲望与展开审美生活。

生存艺术化是在实践过程中反复练就的。审美生存是对生存技艺的创造过程，是反复的体会、发掘、决策、尝试、践行的过程，这需要在长期的理性思考与实践中反复改进。只有个体经过亲身体验与反复揣摩，才能更加真切地掌握艺术化生存的技艺。生存中的一言一行、点点滴滴都可以而且应该成为一种技艺，关键在于生存者能将自身的生存变成有意识的创造。

生存艺术化是具体的、特殊的。由于个体生存以及生存境域的特殊性，个体生存的艺术化也是不可通约的，每个人只能依靠自己的体会选择适合自己的审美生存方式，在其中提升自身的生存艺术化技能。因此，生存艺术化的技艺是批判性的、指导性的，是存在者不断摸索出来的。

二 审美的实践化

第一，审美生存在本质上是实践的，是需要通过践行来实现的。生存之美需要每个存在者在其生存过程中持续地发掘与创造，在现实的生存过程中对身心的生存进行回味、充实、操练、教育、提升与鉴赏。借助于自身的意志、潜力与想象力，在不同的生存环境中直面不同生存条件的挑战，进行各种理性思考与生存实践；对亲历的经验进行无休止的总结、反思、消化、补充、提升，对存在中的问题、缺陷及时进行纠正与克服；对精神、身体、欲望、情感、思想进行全方位的锻炼，不断突破旧的生存模式，持续尝试新的生存模式，在自我的革命与创新之中实现生命的超越与生存的审美。

重视审美的实践化具有重要意义。首先，审美生存的过程就是审美理想实践化的过程，只有在创新游戏与审美冒险之中，在生存主体与生存境域之间的双向互动中，在复杂多样、曲折多变的生存实践中，才能够促成审美生存。其次，审美实践决定了人的生存意义。审美的实践化突出了生存艺术化实践的重要性，强调了审美生存实践是审美生存意义的源泉。最后，审美的实践化强调审美生存是创造力与生命力的展现，必须提高审美的可操作性，把审美落实到人的日常存在之中。

第二，审美生存借助于实践化的生存得以展现。人是在生存实践中把握自身意义和创造意义的。审美实践化的逻辑在于存在者是在实际的存在过程中彰显存在意义的。借助于艺术与语言对各种象征符号的创造过程，彰显生存实践中所隐藏的生命意义，并将各种象征符号与生存相结合进行再创造，来指引人的审美生存实践，实现审美的生存过程与形式构建的双向互动，充分彰显人的审美生存。

人是在永恒持续的创造实践中把握个体存在的。审美生存不是自行涌现的，是被存在者创造性的生存实践激发出来的，是审美生存超越的产物。不同个体的审美生存过程，促成了不同个体的审美生存实践，以及由此产生的审美生存技艺。审美生存是从生活中的小细节做起的，审美愉悦离日常生活很近。每个个体都能在朴素的物质基础上，形塑属于自己的生存风格。

审美生存的实践化，主要是通过个体的生存风格得以展现的。生存风格是生存艺术化的具体体现，也是展现审美生存的最佳场域。每个存在者都依据生存的现实处境以及自身的存在状况选择适合自身的生存方式，借助于不同的方法对自身生存进行艺术化处理。这为审美生存的实践化提供了辽阔的场域，可以通过不同的生存风格展现生存的可能性。

第三，审美生存实践化的具体体现是生存风格。生存风格是审美实践化和个体生存状态的具体展现。对不同生存可能性的思考与选择，体现了不同个体的审美生存状态。生存风格取决于以下因素：身体表演的技术力，心灵内涵的丰富度，心路历程的多样性，生存结构的复杂性，内在涵养的技巧性。随着生存经验日益丰富、生存阅历日益累积、生存技巧日益成熟，生存风格会越来越有特色。实际上，生存风格是身体经验与心灵结构的双重表征，是历史经验与现实境域的互动体现。

生存风格的生成是多样化的存在。存在的特性是"和实生物，同则不继"，生存风格也是多样性、对立性的统一，绝非单纯的某一种形态。实际上，恰恰是在遭遇生存危机的时候，生存风格对于人生的引导与激励作用才会凸显。

第四，审美实践化对审美生存教育的启发。培养存在者对偶在的正确态度。所谓偶在，主要是说人的存在具有不确定性和许多难以预测的可能性。生存困难与选择错误在所难免，是人的生存结构中的有机组成部分。因此，应培养存在者应对困难和错误的勇气，并努力创造各种新的可能性，解决生存过程中遇到的各种问题。

培养存在者解决生存危机的能力。审美生存的实践化，主要体现为人能够以审美的、艺术化的方式解决遇到的各种问题，在各种考验中提升存在者战胜危机的能力。这就需要培养存在者解决问题的能力，存在者应学会把注意力转移到生存的积极方面，通过历史回忆与现实占有来排遣痛苦、应对危机，或者像斯多葛学派那样经过严格的训练，甚至主动承受各种苦痛，通过对苦难的预先沉思做好战胜危机的充分准备。

三　超越的整体性

第一，审美生存的超越是整体性的超越，这是实现并维系审美生存的要求。为了使人的存在得以澄明，必须意识到人思想的界限，同时又能不断超越思想的界限，并不断返回人的生存本身，在永不停息的思考与设定中消除存在的遮蔽。

审美生存超越的整体性体现在存在的自由与自律上。人现实的存在是特定的存在，在不同的生存境域中，超越需要反复尝试。此外，对现有的限制以及边界的超越不可能一次性完成，必须放弃超越能够绝对完成的陈旧观念。

审美超越的整体性在于人的存在还未能真正澄明起来。虽然经历了多重启蒙，但人尚未真正成熟。当前，人所需要的不是自认成熟，而是不断超越既然的存在界限，不断积累超越的存在经验，直到生命进入本然的存在境域。

第二，审美超越的整体性源自存在的生成性。审美生存的超越建立在现实存在意义的基础上。在生存意义的生成过程中，存在者借助于对物的形式的体认与观照，能领悟到本真存在的意蕴。生存境域中的意象世界，是存在者对存在境域体认与欣赏的生成，审美生成的世界是独立、自足、完全的整体。① 借助于这种整体性认知，存在者能够充分发现生存

---

① 宗白华：《宗白华全集》第 1 卷，安徽教育出版社，1994，第 627、628 页。

境域中的丰富意涵①，体验到更加广阔的存在境域。

审美生存的超越建基于同时包含了感知与想象，能呈现生存的整体境域。想象能够把在场的存在与不在场的存在融合为一个整体，能够再现未出场的对象②。只有依靠想象，任何存在的东西才能成为一个整体呈现出来。如看到一颗骰子时，仅靠知觉就只能感受到一个平面；借助于想象，则能使之呈现为立体的物品，这是通过想象把未出场的存在与知觉所能够体验到的存在综合为一个整体的结果。借助于想象，还可以呈现更多可能的存在。骰子存在的整体性，来自在场者以及未出场的存在之间错综复杂的关系。人的存在同样如此，审美超越的整体性就是提醒人在超越过程中，既要超越在场，也要超越不在场。

审美存在的生成也是整体性的生成。审美生成能够提供一个意义丰满的生存世界。从生存整体的角度来说，存在的澄明必须回归存在的整体才有可能，也就是从存在者显现的存在和存在者之为存在者的非存在的结合开始，才能认识到存在者的本性，这是存在者得以澄明的根基：想象补充了非存在的部分，使存在以整体的形式呈现。③审美存在的生成，是人在生存过程中，从那些与人的存在密切相关的经验中构建的意蕴丰厚的意象世界，并在此基础上彰显人的本然生存境域。

第三，想象是实现审美生存整体超越的重要凭借。作为思想的存在者，人的审美生存受到了意志、情感以及思想的推动。生存的艺术化进程，需要自由展开想象，以发现生存中存在的诸种问题，并指引审美创造的方向。

想象成为建构过去、现在、未来三位一体的中介。借助于想象，可以努力跳出过去的生存境域，减少过去的牵绊；通过想象，可以分析现实存在中的问题及其原因，获得超越现实生存的可能；经由想象，可以把自身引向尚未存在的生存境域，以从未有过的存在方式实现存在的澄明，选择最适合自身的存在方式。通过想象与过去、现在、未来建立链

---

① 〔德〕卡西尔：《人论》，甘阳译，上海译文出版社，1985，第215页。
② 张世英：《哲学导论》，北京大学出版社，2002，第48页。
③ 张世英：《哲学导论》，北京大学出版社，2002，第56页。

接，提升自身的审美生存境界与审美生存能力。

梦幻是想象的高阶，是实现审美生存的重要渠道。梦幻脱离了实际限制，具有更加丰富的内容，是生存境域的补充。敢于直面梦幻的世界，是善于想象的重要表现。梦幻不仅会成为解决现实生存危机的渠道，也承载着存在的真理，更是生存经验的组成部分。梦幻是审美生存整体性超越的重要构成，它能够为人的存在提供理性之外的更多启发，并推动审美生存与审美超越的实现。

第四，超越的整体性对于审美生存教育的启发。重视梦幻对于生存的重要意义，利用梦幻在生存中的作用，是审美生存的重要技艺。重视梦幻，就是重视梦幻给予生存的诸多创造性启示，摆脱僵化的生存模式的束缚，使人的生存更加审美化，追求多样化的存在，发掘人的潜力。只有借助于梦幻，人才能超越存在的虚空。

重视死亡对于生存的重要价值。虽然死亡比生存更难以预见、不可把握，但只有了解了死亡，才能真正认识生存。对死亡的认识，有助于发现存在的更多可能性。生存本身，建立在展现死亡的方式及其可能途径的基础之上。梦能够把人的生存与死亡连接起来，让生存与死亡展开交流，超越生死界限，把握生存真正的意义与应有的维度。

四　死亡的生成性

第一，死亡是建构审美生存必须直面的重要问题。"人类的死亡已经嵌入了人类的精神生命。"① 现代人对死亡的恐惧尤甚。不直面死亡，人的审美生存则无从谈起。死亡是人的生存中不可或缺的部分，是贯穿人的生命始终的问题。掌握面对死亡的技艺，绝不只是临死之人的需要，而是人时时刻刻的需要。因为死亡本是生命之特殊形态，生存的状态离不开对死亡的认识。死亡犹如悬在每个人头上的达摩克利斯之剑，时刻

---

① 〔法〕让－弗朗索瓦·利奥塔：《非人——时间漫谈》，罗国祥译，商务印书馆，2000，第11页。

伴随我们左右，并融入生存的细节之中。

死亡是生存中随时可能发生的事情。作为有限者，死亡是每个人都有可能遇到的问题，也是每个人经常遇到的问题，正是死亡使生存本身具有了不可确定性与不可预测性。相对而言，死亡在人的生存中具有更大的现实性。

死亡使个体与群体联系紧密。人类历史就是人类的死亡史，是存放人类个体及群体的停尸间，无数人陈列其中，但死亡不意味着结束，而是生存的延伸，并随时会对当下人的存在产生影响。因此，人类极为重视自身的历史，并努力拓展个体生命的有限范围，使个体生存与人类历史紧密相连。审美生存的建构与超越，离不开历史的坚实基础。

死亡是人的内在本性，也是人的本能倾向。人返回或者重复往昔经验的倾向，是有生命存在者的内在天性。因为重复是对生命历程的重复，生命源自非生命，意味着人只有回到非生命的本原状态——即死亡——才能获得重生。文化的创造，是生存本能与死亡本能的相互转化、相互促动所致。

死亡是存在者超越有限趋向无限的条件。相对于人的有限生存，死亡能够为人提供无限的生存以及显现世界的形式，从而更能彰显人的存在价值。生存是在有限与无限、生成与死亡的互动中展开的，只有懂得将死亡与生存结合在一起的存在者，死后才能够以象征性的形式在历史长河中延展生命，从而以新的载体回归现实生存世界。

第二，通过死亡与虚空才能真正理解存在。死亡是生命的起源与归宿，具有更加开阔的视域，能够在无限的境域中实现最大的可能。死亡处于生命最成熟的阶段，其生命制高点的位置使其具有了生存的优越性。死亡使生命有始有终，并使其获得了重生与延续的可能性。只有向死而生，才能体验到生命的短暂性、连续性与循环性，与世界、历史紧密相连。

虚空是人的现实存在的依赖。人的存在是在生与死、现实与虚空的交错中展开的。人之所以比动物具有更多的可能性，是因为人能够借助无限的虚空与现实进行比对与置换，从而使人的生存变得更加丰富多彩。

审美生存与虚空具有不可分割的联系。人只有与虚空展开对话与交流，才能够更加了解自己以及生存的境域。通过虚空与死亡，人才能真正认识自我与生存。

死亡与虚空是人存在的基础。人对自身的认识，建立在同他者的社会与他物的世界相接触的基础上，孤立的存在者既不可能认识自身的生存，也不可能感知生存的境域。与社会、世界没有发生关系的人，是不存在的。人是从自己的不存在走向存在的，在与他者、他物建立联系的过程中发现自身的存在并体验到生存境域的存在。死亡与空虚并没有使人的存在失去意义，反倒激发了人探寻存在奥秘的热情，在认识自身生存和生存境域的过程中不断创造并满足新的审美欲望。

第三，死亡是审美生存最重要的部分，是人终其一生不断遭遇的存在。死亡存在于人所有的活动轨迹之中，人要一再遭遇死亡。

死亡是探索生命可能性的最好场域，是形成生存意义的最佳时机。死亡是生命的界限与极限，能够展现生命本身的有限性，以及生命面临界限时的痛苦与反抗；并借此掏空人的存在，让人进行最深刻的反省和最彻底的创造。正是死亡彰显了人审美生存的价值，并构成了审美生存的动力源泉。

死亡是审美生存的最高表现。死亡虽然夺去了肉体的生存活力，但是却彰显了审美生存的价值以及历史意义。因此，向死而生就是审美生存的外在表现，生存者应该在生存中反思死亡，并在生的实践中探索死亡，将死的技艺融入生的技艺之中，从而最大限度地体验生存的审美。

死亡把审美生存提升到至高无上的地位。既然每个存在者都要死去，人就应该追求最美的死亡；既然人愿意追求最美的死亡，就应该在平常的存在中坚守审美原则。只有审美的强大力量，能使人从死亡的虚无中解脱出来。在生命的狂欢里，人可以最大限度地发挥潜能。虽然终将死亡，但是人可以利用现实生存的诸种可能直面死亡，选择自己最喜欢的方式与死亡搏斗，并在此过程中实现审美生存的创造。

第四，语言是超越死亡的途径。语言以象征性符号来展开想象、创作，模糊了生存与死亡的界限，促进生存与死亡之间的相互补充，拓宽了审美生存的视域和空间。借助于语言的生成，人可以使自己的存在融入文化宝库中，让个体生命以历史总体化的方式得以呈现。语言能把死亡带到生存之前，也能把生存带到死亡之前，在生存与死亡的交互作用中创造人之存在，实现自然生命与文化生命的融合。

语言是人类自我生命力更新的载体。语言及其变体如文字、符号等作为文化的生命载体，可以让生命与死亡对话。生存之人时刻拥有向死而生的勇气，善于利用生存中的语言探索死亡的真义，并追寻重获新生的条件，发现存在新的奥秘，促使存在的延续与生成，使个体生存融入宇宙天籁的合唱之中。

语言是存在者掌握死亡艺术的重要途径。死亡是对生命本身有限生存的化解，它将人的有限生存拉到虚无的深渊中进行消解，用看不到的象征代替有限的生命。存在者应进行更加艰苦、专注的精神创造与人格修炼，以创造更富有诗意的生存境域。语言可以将各种精神成分转化为象征符号，使现实世界中的生命与过去消逝的生命进行交流，活着的人借助于各种象征符号与死去的人进行交流，死去的人反过来影响当下世界中人的生存状态。因此，借助于语言等象征符号，人能够发掘更加丰富的存在，创造更多的可能性。

第五，学会与死神共舞的技艺。掌握死亡的技艺，就要学会在现实生活中与死神共舞。思考能够让人更加清晰地意识到存在的本然状态，从永恒回归的生活中看到生命存在的唯一性与不可逆性，激励自己——像第一次，也像最后一次——生存在当下。

死亡作为必然会产生的虚空，是人最富有诗意、最核心的生存可能的体现，它作为不可回避的存在，使人的一切存在都是可能的，因此，能让人以更加开放、自由、坚实、自在的方式体验到本然的存在。对人来说，学会促成更多可能的存在及其条件是最重要的。

与死神共舞要求人能够对生命的整体过程做出正确的预测。把生命当成不可分割的整体，从整体的维度审视人的存在，肯定人生存的整个阶段，意识到生命存在的任一阶段都具有重要意义，并在整体视域中审视每个阶段的存在意义，而非孤立地审视生命中的某个阶段。

人应珍惜生存过程中的每个阶段，并以积极的态度追求生存的快乐，要求此身、此时、此地都尽可能地达到审美生存的目标。人的生存如同树的成长一样，生命中的每个阶段都不会随着时间的推移而消逝，而是构成了生命存在不在场的部分，为生命的在场存在提供了丰厚的积淀，使生命体愈加完整、成熟与复杂。

生命存在过程中的每个阶段都为整体生命的成熟做出了贡献，就像树苗萌芽成长为大树之后，会随着树的成长而越来越深地向下扎根，以便为大树提供更加充足的养分。对人而言，虽然童年、少年、青年、中年甚至老年逐渐逝去，但所经历的每一阶段都是生命整体不可或缺的部分并深刻地影响着当下的生存状态，每一个逝去的阶段都为后面的阶段奠定了基础。

综上所述，每个存在者都应具备向死而生的生存态度，把当下的生存视为自己最后的存在机会，努力提升审美生存的境界，以积极的态度创造美好的生存境域，让每天的生存都成为最充实、圆满的生存实践。

第十三章　重构审美生存文化

审美文化是为了满足人类自我提升的需要，以感性形式激发人的生存动力、改善人的生存状态。从历史与现实两种视域来看，当下审美生存文化建设应从重建崇高之美、接受悲剧之美、肯认有限之美三个方面展开。

一　重建崇高之美

第一，崇高之美的历史渊源。崇高源自希伯来文化以及基督教文化。希伯来人曾经生活在无穷无尽的苦难之中，他们把对生存的欲望、幸福的渴望寄托在对万能之主耶和华的信仰上。借助于这种信仰，他们认为死亡是复活，受难是救赎，悲惨的人生是通向天堂的荆棘之路。他们借助对崇高的遵从，试图超越当下有限存在的悲哀。崇高的审美形态由此产生，万能之主就是崇高最原始、最纯粹的形式①。精神化的上帝以及上帝的创造，就是崇高范畴的渊源。基督教发展中，崇高是将耶稣、十字架、玛利亚作为象征的，神圣的救赎成为崇高的重要内涵。对无限本体的崇拜，强化了奉献与救赎的道德内涵。

进入近现代社会，崇高的内涵发生了重大变化。欧洲文艺复兴运动，把人从对神的依赖中解放出来，人的价值、尊严与存在得到肯定。欧洲浪漫主义运动的深入，则把人从资本主义拜物教的禁锢中解放出来，通

---

① 〔德〕黑格尔：《美学》第 2 卷，朱光潜译，商务印书馆，1979，第 92 页。

过对自然的向往以及理想的追求实现精神对现实的超越，激励人们超越有限存在的现实生活。人成为崇高的主体，并以诗歌与音乐的形式展现出来。如贝多芬的浪漫主义音乐具有强烈的生命主体意识，能使人达到崇高的境界。

第二，崇高之美的基本内涵。在现代性意义上，崇高的美学范畴从宗教风格转化为浪漫主义风格，其内容也从上帝精神的主宰变为人的主体精神的自觉。人借助于自觉的追求，主动超越自由意志。使人在有限存在中追求无限的精神，是崇高的新义。

崇高之美应能彰显心灵的伟大①，这就需要伟大庄严的思想与激昂慷慨的热忱作为基础②。人天生就有追求伟大、渴望神圣的本能，应培植和挖掘这种不可抵抗的热忱，超越当下生存的局限性，认识到世界整体的美丽与丰富③。

崇高之美的特征是没有特定的形式，它们的巨大威力，超出了人类想象的范围，唤醒了主体的理性意识，最后理性的观念战胜了对象，肯定了主体存在的价值，主体产生了从恐惧转变为肯定主体尊严的快乐④，人借此实现了在有限存在中对无限的追求，用主体生存的崇高代替了对永恒实体的向往。

崇高之美的形成是在有限存在中对无限世界的追求。在人的有限存在之中，总是蕴含着实现无限意蕴的前景，但仅能从现实存在中看到有限的局部，那种未知的、神秘的、不可把握的存在，构成了崇高之美的场域。在有限的意象世界中，借助于某些形式达成对无限的意象世界的追求，如巴洛克音乐、哥特式教堂。绵延不绝的建筑使人产生了宏伟深远的空间感，并获得了对时间、生命的内在体验，从而激励人们不断超

---

① 〔古希腊〕朗基努斯：《论崇高》，载《缪灵珠美学译文集》，中国人民大学出版社，1998，第84页。
② 〔古希腊〕朗基努斯：《论崇高》，载《缪灵珠美学译文集》，中国人民大学出版社，1998，第83页。
③ 〔古希腊〕朗基努斯：《论崇高》，载《缪灵珠美学译文集》，中国人民大学出版社，1998，第114页。
④ 〔德〕康德：《判断力批判》上卷，宗白华译，商务印书馆，1985，第97~101页。

越现实生活、完善精神人格，使人在有限的生命存在中展现无限的创造
热情。

第三，崇高之美的存在形态。在现实生存中，崇高之美以灵魂的圣
洁之美为代表。这种美在自然世界与人类社会中广泛存在，并成为提升
人的生存境界的重要素材。

如在屠格涅夫的散文诗《麻雀》中，老麻雀为了保护被大风吹落的
小麻雀，飞到小麻雀面前，用自己的身体挡住猎狗，一次又一次地撞击
猎狗的利齿，试图用自我牺牲化解灾难：它原本可以待在安全的树枝上，
却为了爱把自己抛在绝境之中；爱比死亡的恐惧更有力量，爱使生命得
到维系和延续。① 这种崇高的爱使生命与存在具有了神圣的意味，照亮了
人的生存境域。如《读者文摘》中的一篇文章曾提及，在一个实验室中，
一个得了肿瘤的小白鼠为了生养后代，咬掉并吞食了自己身上的肿块，
竭尽全力延长自己的生命，以便能坚持到仔鼠可以离开母乳独立生活。②
为了使仔鼠能够独立生活，母鼠从死神那里夺回了 21 天的生命。

崇高之美是人类得以生存和发展的有力支撑。如 2008 年汶川地震中，
德阳市东汽中学的谭千秋老师张开双臂趴在桌子上，从死神手中救出了
四个学生。这种崇高美将道德与审美完美结合，让人的灵魂得到净化与
升华。

第四，崇高之美的教化意义。生命中的崇高之美本质上是一种大爱，
是生命的奉献与牺牲，是对超越个体存在的追求与向往。崇高之美是人
类进化的重要支撑，也是人类文明的动力所在。正如伟大诗人但丁所言，
"是爱也，动日月而移群星"。崇高之爱激励人们超越个体存在的限制，
使其在有限的生存经验中释放出无限的精神伟力。

爱是一种奇异的创造力量：它驱使我们永远向前向上，不断追求人
类高尚的生存境界；它净化人性中野蛮、阴暗的成分，高扬人性中神圣、
光明的成分；它凸显了人们对完善精神的渴望，使一代又一代人寻找生

① 〔俄〕屠格涅夫：《戴灰眼镜的人——屠格涅夫散文集》，刘季星译，辽宁教育出版社，
1998，第 199～200 页。
② 魏强：《母爱，超越生命的爱》，《读者文摘》1991 年第 11 期。

存的制高点；它使人们保有对宗教、神圣与艺术的珍贵情愫，并引导人们不断拓展与延伸。爱是生存理想化、神圣化的重要凭借。①

应注重培育存在者的崇高之美。崇高之美能够净化人的心灵，提升人的精神境界，使人超越日常的平庸与个体的渺小，把生存提高到新的高度。因此，虽然我们不能以无边大慈、同体大悲要求每个个体，但是应该使他们意识到这种崇高美对于生存的重要意义。

崇高之美的教化有利于培养人类的终极关怀意识。所谓的终极关怀是指人类存在中本质性的东西，人可以凭借它超越"相对的、转瞬即逝的日常生活经验之流"②。借由崇高的审美体验，人可以从有限的主体经验中获得对无限的绝对体验与理解，并从有限的存在者转变为无限的存在者。人可以摆脱日常生活的束缚和个体欲求的规制，产生更加完整、更加宏观的生存感受。

二 接受悲剧之美

第一，悲剧之美的哲学探讨。悲剧是两种理想的对立与冲突。黑格尔对此进行过深度挖掘，认为悲剧中人物的立场都符合各自理性或者普遍道德的要求，都有理由将之付诸实践；但从世界整体的角度来说，各自理想的实现必将与对立的理想发生冲突，这些理想是不完全符合理性的，从而形成了一种成全一方必然牺牲另一方的两难困境，进而造成某些理想代表的死亡。就个体来说，牺牲是无辜的；就整体来说，牺牲是必然的：虽然个体被毁灭，并承受了诸多苦难，但个体所代表的理想却没有被毁灭，从世界整体的角度来说是整体存在的胜利。③ 如在索福克勒斯的巨著《安提戈涅》中，安提戈涅埋葬哥哥是出于亲人之爱，遵循了

① 〔英〕李斯托威尔：《近代美学史评述》，蒋孔阳译，上海译文出版社，1980，第237~238页。
② 〔美〕蒂利希：《信仰动力学》，转引自《宗教哲学》，中国社会科学出版社，2003，第378页。
③ 朱光潜：《西方美学史》下册，人民文学出版社，1964，第157页。

自然法的基本原则；国王克瑞翁下令处死安提戈涅是为了维护国家安全与法律权威，遵循了人为法的基本原则。从各自立场来说，二者都是正义的；但是从整体来说，又都是片面的，结果是相互否定、共同毁灭。

悲剧是肯定自我与回归世界两种对立的生命冲动。尼采认为，阐述生命的文化有两个渊源：生活中的日神状态，是一种宁静安详的状态；沉醉中的酒神状态，是一种狂喜与痛苦交织的迷狂。二者都是人生命本能的体现，前者是借助外在幻觉肯定自我，后者是否定自我回归世界本然。① 二者的结合就是悲剧，但酒神精神是最根本的因素，因为正是酒神精神激发了整个世界中人的生存活力。② 悲剧给人精神上以慰藉，让存在者能够在极短的时间内恢复原始的生命状态，体验到生命本身不可抑制的欲望与快乐。③ 个体毁灭的过程也是回归世界本体的过程，且个体在产生与毁灭的永劫回归中展示了源源不断的生命力量，悲剧就是痛苦之中的狂喜。个体的毁灭如同一滴水回归浩瀚的大海，个体生命的无常彰显了生命整体的不朽。④

第二，悲剧的本质是命运的冲突。作为理性的有意识存在者，人的行为是自己的选择，要承担自己选择的后果。但实际生活中，有些灾难性是人所不能掌控、选择乃至抵抗的，这就是命运的悲剧性。本质上是由某种不可抵抗的力量所导致的灾难性后果，表面上却需要个人承担责任，其间的冲突就是悲剧。因此，不能把所有的痛苦与灾难等同于悲剧，只有那些由个人所不能支配的力量所决定，同时又需要具体个体承担责任的状况才构成悲剧。

古希腊三大悲剧家之一索福克勒斯的《俄狄浦斯王》能够较为充分地说明悲剧的性质。命运的力量是不可抵抗的，人只能接受命运的作弄。人为了反抗命运所采取的行动恰恰成为实现特定命运的途径，对命运的

---

① 周国平：《〈悲剧的诞生〉译序》，生活·读书·新知三联书店，1986，第3页。
② 〔德〕尼采：《悲剧的诞生》，周国平译，生活·读书·新知三联书店，1986，第107页。
③ 〔德〕尼采：《悲剧的诞生》，周国平译，生活·读书·新知三联书店，1986，第71页。
④ 朱光潜：《文艺心理学》，载《朱光潜美学文集》第1卷，上海文艺出版社，1982，第256页。

逃避反而使命运得以实现。正是人对命运的狭隘认识，导致了命运的悲剧：因为人认为借助于认识可以掌握自己的命运、避免在生命中出现错误，实际上正是对命运的认识引发了悲剧。

进一步来说，正是避免恶的行动造成了恶的结果，如俄狄浦斯为避免恶的动机而造成了恶的事实，按照动机来说不应当负责，按照结果来说又不能不负责，对责任的承担凸显了他品行的高尚，也凸显了命运的悲惨。之所以是悲剧，是因为他面对命运安排时的自主自决以及自愿承受命运惩罚的勇气，这是悲剧之所以震撼人心的地方。

最后，悲剧能够产生"恐惧""怜悯""净化"三种效果：没有人能逃脱命运的作弄，大勇敢者、大智慧者亦然，不得不让人恐惧；命运并不公平，罪与罚并不对称，或好人受罪，或坏人受宠，不得不让人怜悯；勇者面对命运时，以自主自决的气概与命运抗争，在不可扭转的命运面前保持独立与自由，使他者感到震撼，让人的灵魂得到净化。①

古希腊悲剧之所以伟大，是因为认识并凸显了命运的复杂冲突。古希腊人一方面渴望实现正义与自由，另一方面又要面对现实的苦难与生存的盲目；既坚守价值的完美，又不得不直面现实的残缺；既崇拜神的公平，又质疑神的残忍。种种矛盾冲突，使其对悲剧性命运的认识异常深刻。②

第三，悲剧之美是审美生存的永恒范畴，对于人的生存来说具有重要意义。

一方面，人的生存离不开悲剧之美的存在。人的发展历史，就是从必然王国走向自由王国的过程，人无法借助于理性完全掌控自己的生命。只要人不能完全掌控自己的命运，悲剧就在所难免。

另一方面，人的生存离不开悲剧之美的提升。悲剧之美可以使人正视命运的残酷与生存的严峻，坦然接受命运的挑战，积极应对人的选择失误所带来的惩罚。在应对悲剧的过程之中，人可以更加完整和深刻地

---

① 叶秀山：《叶秀山文集·美学卷》，重庆出版社，2000，第 802～805 页。
② 朱光潜：《悲剧心理学》，人民文学出版社，1983，第 232～233 页。

理解自身的生存与命运，从而提升人的生存境域。因此，悲剧标志着人对生存的深刻体认，并能够勇敢地承受命运赋予的一切。①

悲剧所产生的审美生存是内在的觉醒。所谓的悲剧之美，是指人洞彻了人生之虚无与命运之强悍而产生的情感体验，是一种生存的审美情感。命运之强悍所产生的压倒一切的巨大力量使人存在于恐惧之中，但正是借助于这种恐惧，能体验到日常生存中难以感知的生命活力，认识到自身的渺小与无力，从而产生了对生存的敬畏与惊奇②。这种神秘莫测而又无可避免的命运操纵的体验，使人生发出一种对命运的恐惧感③。这种恐惧感源于命运无常的冷酷所带来的普遍性的悲剧④，力度非常大但面目模糊不清，正是命运的不可更改与神秘莫测，不带任何明确的对象与内容，使人对自身的渺小与无力印象深刻。但其中总有一些令人感到心动的东西，总有一些激发柔情的东西⑤，让人看到生命的亮色。

第四，悲剧之美对于审美生存教育的重要意义。重视悲剧审美教育有利于激发人的生存动力。悲剧激发了人与命运的争斗，使人在神秘莫测的命运中保持独立与自由。因此，悲剧之美能够让人秉持对自身存在的惊喜、对精神坚守的勇气，并对自身生存保持自信。因此，悲剧之美的教育，能让人体认到渺小与无力之后进行自我扩张，用对生命的惊喜与对人的赞叹代替恐惧⑥，使人的生存充满张力。

重视悲剧审美教育有利于强化人自主生存的能力。悲剧之美，强调的是存在者能够在神秘莫测的、不可对抗的命运压力之下，仍旧保持精神自由与人格独立的状态。在对抗命运的过程中，人可以舍弃生命，但不能放弃自由。⑦ 因此，对悲剧之美的观照，可以使人受到鼓舞，发掘生存中值得赞美的潜质，如对命运不公的惋惜与同情，对命运神秘莫测的

① 朱光潜：《悲剧心理学》，人民文学出版社，1983，第231页。
② 朱光潜：《悲剧心理学》，人民文学出版社，1983，第89页。
③ 朱光潜：《悲剧心理学》，人民文学出版社，1983，第89~90页。
④ 朱光潜：《悲剧心理学》，人民文学出版社，1983，第90页。
⑤ 朱光潜：《悲剧心理学》，人民文学出版社，1983，第92页。
⑥ 朱光潜：《悲剧心理学》，人民文学出版社，1983，第84页。
⑦ 〔德〕黑格尔：《美学》第1卷，朱光潜译，商务印书馆，1958，第198页。

恐惧与敬畏，对与命运抗争的精神自由与人格尊严的净化和升华。

对悲剧审美的教育，能够让存在者感知到生存的复杂性，并激励存在者勇于抗争，在渺小与无力的存在中凸显人的崇高与伟大①。虽然带有一定的悲观色彩，但能够深刻地解蔽，从而使人的存在得到澄明与涌现。

悲剧美的审美生存教育应从经典文本入手。鉴于日常存在中难以体验到悲剧之美的存在，且悲剧之美的确需要付出巨大的代价。对悲剧之美的教化，可以借助于经典文本。经典文本能以非常集中的方式凸显生存的悲剧所在，能在对不同世代的教育中反复挖掘，并形成越来越深厚的历史积淀，进而增强审美生存教化的效果。

如《红楼梦》就体现了深刻的悲剧之美②。美丽的少女逐渐香消玉殒：金钏投井、晴雯屈死、司棋撞墙、芳官出家、鸳鸯上吊、妙玉遭劫、黛玉病逝等。"千红一窟（哭）""万艳同杯（悲）"的悲剧震撼人心，理想被命运的力量压成齑粉，体现了特定境域中不得不如此的命运悲剧。在反复的研读之中，人们可以获得对悲剧之美的深刻体验。

三 肯认有限之美

第一，审美生存建立在人的有限性存在的基础上。人是有限的存在者，审美生存离不开对人的有限性的肯认。只有肯认人的有限性，审美生存才能成为一种照亮人的本真状态的途径。在现代社会中，文化商人瞄准了人们精神焦虑与审美生存缺失的困境，用廉价的心理学合成物麻痹人的精神，异化人的灵性，使人相信改变了态度就可以改变生存。正如当年柏拉图眼中的智者，批发贩卖灵魂的食粮，但最终使灵魂变得更加卑劣。现代社会生活中，肯认人的有限性变得尤其重要：随着科学技术的进步以及社会生活日新月异的革新，人的有限性意识越来越淡薄，

---

① 朱光潜：《悲剧心理学》，人民文学出版社，1983，第261页。
② 王国维：《〈红楼梦〉评论》，载《王国维文集》第1卷，中国文史出版社，1997，第11、12页。

似乎只要随着技术、经济、社会的发展，人类的一切问题就能够得到充分、彻底的解决。实际上，有限性是人如影随形的伴生物，只要人类存在，有限性就不可能消失。只有坦然面对人的有限性，才能够真正进入审美生存之中，也才能更容易理解在科学昌明的现代社会中，邪教问题为何异常突出。

人的有限性来自人是时间性的存在者。无论是从个体性的角度还是从社会性的角度出发，都必须认识到，只有以时间性的方式展开，生命才成其为生命。时间实际上是人的积极存在，不仅是人生命的尺度，而且是人发展的空间。时间意识的指向性对人类行动的取向具有极为重要的影响。在人存在的根源处，是时间性的逻辑起着决定性作用。"时间不再是全部历史的发生所凭靠的媒介；它获得了一种历史的质……历史不再发生在时间中，而是因为时间而发生。时间凭借自身的条件而变成了一种动态过程的和历史的力量。"① 时间构成了人类生存的根基。

第二，当下存在对人的审美生存的复杂影响。生存危机来自现代性对当下存在的极度张扬。现代性认为具有无可替代的创造价值的时间就是当下的时间，并把当下存在的时间视为评价一切存在价值的标准。现代性时间抛弃了过去把当下视为过去或者未来的附庸的观念，凭借当下存在不断流逝的特征成为其独立存在的意义的源泉。在这种时间意识的作用下，现代性主体任意地割裂时间，以理性的态度迅速控制了话语系统乃至思维模式，并弥漫于整个思想文化以及社会生活的空间之中。在当下存在的影响下，现代性把无限发展、超越一切预设和界限视为人类的终极目标，并把无限发展的意识抽象为绝对存在的本体，"只有时间才是构成生命的本质要素"。② 主体自身被迫承担无限发展所带来的崇高语境的压力，发展成现在时间的意识形态。在现代化的进步浪潮中，生命存在的意义已被遗忘，生命的过去失去了意义，生命的未来属于未知的空间，人们的眼光紧紧盯住当下，导致对生命节律的过度强迫，并引发

① 〔美〕彼得·奥斯本：《时间的政治——现代性与先锋》，王志宏译，商务印书馆，2004，第27页。
② 〔法〕柏格森：《创造进化论》，王珍丽译，湖南人民出版社，1989，第10页。

了人类的生存危机。

当下存在导致了人类生存根基的整体性崩塌。现代化运动以及现代主义的反叛导致生存根基的丧失，人类整体上处于依靠幻象维系自我生存的漂泊无依的状态。审美成为普遍怀疑与信仰丧失时维持生命存活的唯一证明。但由于生活意义的丧失以及整体性危机的产生，当代人的生存已经失去了与其生存内在基础的根本联系，对当前的困守取代了对无限到来的时间的期望，生存的审美化也成为对当前审美生存的审美化，"每一瞬间都是一种创造"①。由于自我存在沉沦于时间的涌流之中，失去了生成存在的历史延续性，瞬间成为无历史维度的零碎拼图，历史性的现在转变为现在的历史性，历史永恒性的力量被当下此在的即生即灭性所消解。现在获得了瞬间永恒性，成为过去与未来之间永恒过渡的消逝点。美不仅是未来之永恒，而且是现时之瞬间。因而，美重新返回时间流变之现代性中，并与现代性发生了相互依存的意义关联：现代性面向未来的时间流程不允许停留，因而每一瞬间的"现在"都是全新的，现代性求新流变使每一时刻之"现在"都具有现代性新质这一特性；而每一时刻之"现在"作为"新"，也就是"美"。②

第三，此在是人的生存的本真状态。实际上，时间是构成生命的本质要素。生命是时间绵延的河流，呈现出一种连续的状态，其中的每一种状态都同时涵盖了过去与未来。只有经历了生命的全部形态之后，才能完全领略到生命形态的多样性。生命的各形态之间没有严格的界限，它们处于彼此延伸、相互渗透的状态。真正存在的只有继起，就是在变化中，前一个时刻不断地变为后一个时刻。③ 可以说，生命本身就是一种时间的关联。生命中的时间是与生命结合在一起的、现实的、具体的时间。"时间并不仅仅是一条由具有同样价值的部分组成的线条，同时也是由各种关系组成的系统，是一个由系列性、同时性和连续性造成的系

---

① 〔法〕柏格森：《创造进化论》，王珍丽译，湖南人民出版社，1989，第10页。
② 尤西林：《审美与时间》，《文学评论》2008年第1期。
③ 〔法〕柏格森：《形而上学导言》，刘放桐译，商务印书馆，1963，第5页。

统。"① 通过记忆和期待，过去与未来被灌注于现在之中，通过现在对过去的记忆以及对未来的关注构成了生命的连续性和整体性。只有当人存在于现在时间的开放中时，人才成其为人。②

人的此在是生命最原始的存在状态。存在并非特定时空中给定的事实，也非超时空的自我，而是主客体分化之后对立化的片面范畴。真正的存在是主客体未分开之前的存在境域。在这个存在境域中，客观知识与主体意识都无法控制境域的呈现及运行，反倒是此境域为人的存在赋予意义，并作为意义的根源牵制、贯穿人存在的一切，这是人存在的根本。因此，此在具有最原始、最深刻、最广泛的意义，并且对存在的一切领会以及解释都需要在时间中实现，③ 一切对存在论的关键解释都植根于对生命时间的理解④。在时间中，此在不仅仅是现在所是的东西，还是过去所能是以及将来可能是的东西，而过去所能是以及将来可能是则保障了主体不是永劫回归的恒定主体。这个主体是在时间中生成的。此在作为世界中的存在，具有以下三个基本特征：总是寓于能在之中的、先行于自身的非实体化的存在；总是无法摆脱被抛命运的被抛在世的存在状态；总是在异己的存在中领会自身，因对存在整体有所思虑而苦恼。

第四，有限生存的态度及境域。向死而生体现了人最根本也最普遍的有限性。死亡是人类不可逾越的终点，凡是生者，皆难逃一死，这是对所有人的先天限定。因此，此在作为去存在的可能性整体，其本质结构也就是"向死而生"的存在。"死亡是完完全全的此在不可能的可能性"⑤，有限性就成为人自然的先天限定，"比人更原始的是人的此在的有

---

① 〔德〕狄尔泰：《历史中的意义》，艾彦、逸飞译，中国城市出版社，2002，第45页。
② 〔法〕奈斯克、克特琳编《回答——马丁·海德格尔说话了》，陈春文译，江苏教育出版社，2005，第6页。
③ 〔德〕海德格尔：《存在与时间》，陈嘉映、王庆节译，生活·读书·新知三联书店，2006，第21页。
④ 〔德〕海德格尔：《存在与时间》，陈嘉映、王庆节译，生活·读书·新知三联书店，2006，第22页。
⑤ 〔德〕海德格尔：《存在与时间》，陈嘉映、王庆节译，生活·读书·新知三联书店，2006，第288页。

限性"①。而且，对人的存在来说，只有死亡才能够保证人的存在的完整性、独特性与本真性。如果没有死亡的总结，此在就总是处于展开的过程中，不可能也没有机会达到完整。由于死亡无法由他者代理，此在总是"尚未"的状态也会终结，由其组建的此在具有了独特的整体性。在时间中展现的"能在"，成为最具有决定性也最本源的生存论结构。在这个意义上，海德格尔强调"无"比"有"更重要，因为时间性就是"无性"，就是趋近于死的存在的不可能的可能性。人的此在是绝对的虚无，并栖身于不断将自身投射于作为存在的可能性的虚无之中。人的生存时间是绝对的非现成性与绝对的生成性，存在者在因缘聚合的某一刻显现自身，以此使人的存在"现身"。② 因此，人的生存总是存在各种特质、趋势与方向，是一个处于不断到来之中的开放的构成境域，此在真正与唯一的现在就是将来的诸种可能性。③ 作为生命的此在，人的有限性是展现无穷意蕴的前提和基础，生的成熟就表现在对有限性存在的不断领会与超越之中。在这个意义上，最关键的就是"要意识到这种有限性，以便在有限性中坚持自身"，因为"人类最内在的关切就是指向有限性本身的"。④

人所依存的世界同样是有限的存在。有限性构成了世界的存在机制，因为世界并不是由现成的熟悉或者陌生、有限或者无限的物所形成的集合，也不是我们在现成的事物总体的基础上臆想的框架，更不是眼前的、可以仔细观察的对象。只要人类处于生存与死亡的循环之中，在限制与突破之间苦苦挣扎，世界就不是可以对象化的存在，而是所依存的基础。⑤ 在世界上的任何实体澄明之前，世界已经通过绽开的方式展开了。凡是实体可以通达的地方，世界就已经先行存在了。在这个意义上，"世

---

① 〔德〕海德格尔：《海德格尔选集》，孙周兴译，上海三联书店，1996，第1187页。
② 张祥龙：《海德格尔思想与中国天道——终极视域的开启与交融》，生活·读书·新知三联书店，1996，第242页。
③ 〔美〕约瑟夫·科克尔曼斯：《海德格尔的〈存在与时间〉》，陈小文译，商务印书馆，1997，第276页。
④ 〔德〕海德格尔：《海德格尔选集》，孙周兴译，上海三联书店，1996，第107页。
⑤ 〔德〕海德格尔：《林中路》，孙周兴译，上海译文出版社，2004，第30~31页。

界就是此在作为存在者向来已曾在其中的'何所在'，是此在无论怎样转身而起，但纵到天涯海角也还不过是向之归来的'何所向'"。① 人的此在借助于绽出的方式，寄身于由世界诸绽出形式所构成的境域之中，并使这些绽出回到此在被澄明的"何所在"之上，被澄明的"何所在"则与人的存在恒久共存。在这个过程中，世界万物都获得了自己的位置，并完成了世界化进程。② 而世界的曾经、当下与将来在相互传送中产生了当下所有的在场，构成了世界切近的基础。③

---

① 〔德〕海德格尔：《存在与时间》，陈嘉映、王庆节译，生活·读书·新知三联书店，2006，第 89 页。
② 〔德〕海德格尔：《林中路》，孙周兴译，上海译文出版社，2004，第 31 页。
③ 〔德〕海德格尔：《面向思的事情》，孙周兴译，商务印书馆，1999，第 18 页。

第十四章　加强审美生存教育

审美生存教育是为了使人性更加完善。培养人的审美能力，强化人的审美意识，维系人的审美追求，有利于推动审美生存的实现，提升人的生存层次。

审美生存教育有着深刻的历史渊源。早在二百年前，德国美学家席勒就提出了系统的审美生存教育理念。席勒认为人的身上存在两种需要满足的自然冲动：一是要求生存获得感性内容的感性冲动，一是要求生存遵循理性法则的理性冲动。这两种冲动是对立的，只有二者统一起来，人才能充分发展，审美教育就是重要的途径，在审美中人会实现最高度的独立、自由与幸福。① 20 世纪最伟大的科学家爱因斯坦强调，必须让人对美与善具有敏锐的辨别力，从而对价值有所理解并产生强烈的情感，成为和谐发展的人而不是有用的机器或者受过良好训练的狗。②

审美生存有利于主体获得生存的澄明与精神的自由。因为审美不像欲望那样直接选取对象，与它的对象保持一定的距离而使其避免激情的干扰，以使物按照物本然的面目呈现出来③。教育中如果缺少了审美教育，审美教育中如果缺少了审美生存教育，就相当于失去了灵魂④。

本节主要从解放人的感性、重视审美直觉、培育审美心胸、培养审美能力、提升审美趣味、学会诗意栖息六个方面展开具体的阐述。

---

① 〔德〕席勒：《审美教育书简》，冯至、范大灿译，北京大学出版社，1985，第 28 页。
② 〔美〕爱因斯坦：《爱因斯坦文集》第 3 卷，赵中立、许良英译，商务印书馆，1979。
③ 〔德〕席勒：《审美教育书简》，冯至、范大灿译，北京大学出版社，1985，第 1131 页。
④ 蒋孔阳：《西方美育思想简史·序》，安徽教育出版社，1998。

一　解放人的感性

第一，解放人的感性是马克思主义审美教化的重点所在。只有通过感性革命，才能将人的关系与人的世界恢复到本然状态，"任何一种解放都是把人的世界和人的关系还给人自己"①。只有在感性解放的基础上，人的生存意义才能够得到彰显。

感性危机是形成人类生存危机的重要原因。人类的发展历程，就是感性与理性内在系统不断获得平衡的辩证过程，感性与理性之间适度的整合和张力是人获得全面发展的基础。工业革命以来，过于强调理性的作用，技术理性毫无限度地膨胀与扩张，感性空间与人文精神的式微与无力，使人忽视了感性对于生存的重要意义，从而成为单向度的人。科学精神对感性生存以及精神生活的侵蚀使人面临着生存困境与精神危机。解放人的感性，重建精神家园，成为审美生存的重要目标。

第二，感性危机的具体表现。从外在世界来说，感性与理性的失衡导致科学技术毫无限制的发展，引发了一系列社会问题，如环境问题、生态问题、能源问题等，导致人与自身生存境域的对立，人与自身母体产生了剧烈的冲突，威胁人类社会的可持续发展。

从内在世界来说，感性与理性的失衡导致了人对于生存的冷漠。感性的缺席导致人的精神结构失衡，使现代人在生存中对他者他物持普遍冷漠的态度，不愿意介入现实生活。在后现代，则过于重视情绪化反抗，拒绝理性的支撑与引导，仅仅寄希望于感性的喧嚣，同样面临着生存危机。

第三，感性解放在审美生存教化中的重要意义。促进审美生存理想的实现，需要解放人的感性。值得注意的是，所谓解放是让感性与理性重新获得平衡，是二者的相互补充、转化、融合。之所以开展生存审美教育，是为了能够促成科学理性与人文精神的统一。

---

① 《马克思恩格斯全集》第 1 卷，人民出版社，1956，第 443 页。

促成人的审美状态的解放。审美生存教育肯定感性诉求，批判理性的僭越，具有解放人的生存的重要价值。借助于审美教化，可以唤起人的感性存在，推翻理性僭越的统治，使人在本然的世界与自身潜质的形塑中澄明此在。人的解放状态应该是多重统一，如丰富内容与丰满形式的统一、哲学思考与艺术创作的统一、力量与温柔的统一，如此才能使人成为完整的人。

马克思对审美生存教育的解放意义非常重视，在其经典文本中深刻分析了异化劳动对人的生存状态的扭曲以及人的生命本质的异化，认为推行美的生产规律以及消除异化的社会革命，能够使人的完整人性呈现，并回到本真的生存状态。

马克思的美育理论，进一步回答了席勒提出的一系列重大问题。在《1844年经济学哲学手稿》《资本论》等著作中，马克思分析了异化劳动如何造成人的本质异化和人性扭曲，提出了按照美的规律进行生产，通过社会革命消除异化、实现人性的解放，从而使人类充分意识到，人类对自身的本质与生命、他者存在以及人之创造物的拥有，应该是一种全面的占有，也即无论是对象还是自身，都能够以人的方式全面地、创造性地占有自己的本质，而不能仅仅理解成片面的享受与直接的占有。①

二　重视审美直觉

第一，审美直觉的基本内涵。审美直觉是对现成存在聚精会神地观看、欣赏②，这是独立于理性推理的精神活动，是创造意象世界的过程。当审美主体在瞬间感应到审美对象的存在时，审美就成为人获得存在自由的方式。因此，审美直觉是体验审美生存的现实途径，也是人审美生存的重要方式。

审美直觉能够超越理性思维模式对人的感性生命以及审美对象的遮

---

① 《马克思恩格斯文集》第1卷，人民出版社，2012，第189页。
② 张中：《直觉与审美自由》，博士学位论文，复旦大学，2012。

蔽，借助于审美直觉所形成的意象世界连通人之存在与物之存在，可以帮助生存者体验到感性生存本身以及生命本真的厚重①，在审美主体澄明、审美对象解蔽的过程中实现审美生存。审美能够引导我们走向生命的最深处②，能够无止境地增加审美观照的对象，拓宽人的生存境域，审美直觉是审美生存的重要途径。

第二，审美直觉是人的超理性存在。审美直觉是审美活动超理性的表现。理性思维与功利追求遮蔽了生存世界的本然状态，造成了万物之间的割裂，使人类的生存失去了本真状态。这种本真的状态以及世界整体的感觉，只有在超越理性与功利的前提下才会产生，审美直觉就是查明世界真相的途径③。在审美直觉中，人能够超越自身的存在限制，与世界万物建立联系，体验到存在的整体，消除各种后天的区别④。

人本身是理性的存在与超理性的存在的统一体。理性是借助于主客二分的认识方法，借由抽象的概念把握事物的存在，但是没有办法借助于这种理性实现对世界整体与生存境域的把握。因为"即使是最精微的鉴赏力，也与创造力无关。鉴赏力是感受力的精炼；但是感受力没有做任何的事情，它纯粹是接受性的"⑤。在这个时候，只有借助于超理性的审美直觉，才能够体验到天人合一的存在意蕴。因此，不能用理性认识来进行审美，生命及其存在是没有办法通过逻辑推理进行控制的，即使是辩证的、发展的逻辑也没办法体现出生命存在的丰富性⑥。

审美直觉不是反理性的，而是超理性的，其中蕴含着理性的成分，这也是近代哲学比较关注诗与思关系的原因。原始的直觉是直接性的存

① 谭容培：《审美直觉之真意：心的敞亮与物的解蔽》，《湖南师范大学社会科学学报》2005年第5期。
② 〔法〕柏格森：《创造进化论》，肖聿译，华夏出版社，1999，第150页。
③ 《悟道禅》，转引自皮朝纲、董运庭《静默的美学》，成都科技大学出版社，1991，第169页。
④ 冯友兰：《新知言》，载《三松堂全集》第5卷，河南人民出版社，2000，第228页。
⑤ 〔芬〕冯·赖特、海基·尼曼编《文化与价值》，许志强译，浙江文艺出版社，2002，第106页。
⑥ 宗白华：《形上学：中西哲学之比较》，载《宗白华全集》第1卷，安徽教育出版社，1994，第586页。

在，思则是间接性的存在，审美直觉是超越了原始直觉的直觉性。其中，思是对原始直觉的超越，审美直觉是对思的超越。超越不是丢弃，而是扬弃，因此，审美直觉内含着思，是情与思的融合。在一定意义上，审美直觉就是理性认识的思想经过长久的沉淀，转化成的情感或者直接性的存在。①

第三，审美直觉对审美生存教化的启发。审美直觉的形成，说明了审美主体是文化塑造和历史的产物，体现了审美生存教化的重要性。审美直觉的产生，必须有知识、文化、历史作为基础，否则审美直觉无法产生。正是借助于历史、文化的渗透，人在刹那间才能看到存在的真实面目，也才能让自身存在全面涌现出来。观照同样的审美对象，由于审美主体积淀的不同，其获得的审美感受是差别很大的。因此，在审美生存教化的过程中，必须重视知识、文化、社会等因素的作用。

审美直觉启发审美教化的过程中，必须重视理性的负面影响。现代人最大的问题也许是过于自信，因为"科学是重新使人入睡的途径"②，"智慧则是完全冰冷的"③，理性的聪明隐瞒了生活，让人无法利用理性纠正生活。如果人的生存变得难以忍受，会试图改变生存的环境，但是最直接、最有效、最重要的途径还是改变自己的态度，让自身对生存充满激情。

人在审美生存教化的过程中要重视对理性的发掘。强调审美的感性特征和审美直觉的超理性，并不是说审美生存的实践可以离开理性。恰恰相反，审美生存只有建立在理性的基础之上才有可能。这也是后文把理性作为审美生存教化重要组成部分的原因。只是在审美生存中，理性不是我们的终点，而是塑造意象世界的条件，它必须进入直觉想象之中，成为审美意向的骨架。

---

① 张世英：《哲学导论》，北京大学出版社，2002，第125～126页。
② 〔芬〕冯·赖特、海基·尼曼编《文化与价值》，许志强译，浙江文艺出版社，2002，第13页。
③ 〔芬〕冯·赖特、海基·尼曼编《文化与价值》，许志强译，浙江文艺出版社，2002，第94页。

三　培育审美心胸

第一，审美心胸的基本内涵。审美心胸是审美生存实践中，审美主体生成并保持的精神状态与心理状态，这是开展审美生存实践、进行审美生存观照以及感知审美体验的条件。

审美心胸是人对待生存世界的独特方式，有别于科学认知以及社会伦理。因为日常生存中的实用态度以及功利算计，使我们只能从实用的或者概念的角度去审视这个世界，所能观察、体验到的东西非常有限。

如看到熟悉的城市，会用概念或者实用的方式审视这个城市，而如果超越了概念与实用，如旅游者，就会看到全部都是新鲜的存在，每个建筑都有自己独特的意味。

第二，审美心胸的生存意义。培育审美心胸，可以让存在者看到更加丰富的存在，有利于存在者深入了解存在的境域。德国哲学家卡西尔认为，在日常生存经验中，人都是根据理性的因果关联或者实践的利害关系看待世界上各种现象的，关注的焦点是理性逻辑的关联或者实践功利上的得失，眼中只有手段或者原因，会对存在更多维度的意涵视而不见。[1] 只有拓展了审美心胸，以非功利化、非概念化的审美态度审视整个世界，才会发现生存境域的生机，似乎每种存在都散发着光彩，似乎每种现象都充满诗意，获得"群籁虽参差，适我无非新"的生存体验。

拓展审美心胸，可以使审美生存境域展现更加丰富的图景。审美心胸的拓展能够使审美主体抛弃理性认知与实用功利的态度，从事物本性的维度直观事物本身，从而拉近人性与物性的距离，让人的生存境域变得有趣、新鲜。如老庄就提出了"坐忘""心斋"等观点，魏晋文人从大自然体验到的"冰心""虚心"，又如书画艺术家提倡的"林泉之心"，禅宗从悟道的"清净心"转变为日常生活中的"平常心"，追求超越日常生活的"闲心"，反对思想禁锢的"童心"，崇尚真性情的"赤子之心"

---

① 〔德〕卡西尔：《人论》，甘阳译，上海译文出版社，1985，第216页。

等，其目的都是提升人的审美生存境界。

第三，拓展审美心胸对于审美生存教化的重要意义。审美生存教化必须重视对审美心胸的拓展。美国教育家、作家海伦·凯勒用亲身经历说明了拓展审美心胸的重要性。她曾经问一位在树林里长时间散步的朋友看到了什么，朋友说没有看到什么特别的东西，她感觉到不可思议，因为在看不到听不到的情况下，她仅仅凭借触觉就能够感受到诸多激动人心的美，获得了太多生存的喜悦，而那些视听感官健全的人，能感受到更多美的存在才对。她建议开设用感官来发现美的美育课①，以唤醒沉睡的官能，使人们看到身边被忽略的东西，丰富生存的体验。实际上，这就是对审美心胸的拓展。

海伦还专门写过一篇著名的文章《假如给我三天光明》，来阐述她拓展审美心胸的方法以及内容。

第一天，她希望看到那些陪伴她并给予她温柔与仁爱的人。她说很多人不知道"看"的珍贵，对身边重要的人视而不见，但因为她之前只能依靠触摸才能感知脸的轮廓，所以懂得"看"的珍贵。她要花费很长时间凝视亲友的脸，在心中刻下他们美好的样子。她要凝视纯洁无邪、天真活泼的婴儿的美。她要在林中漫步，陶醉于自然之美中，竭力领略自然的无限风光。②

第二天，她要早早起来，欣赏黑夜变为白昼的奇迹，以敬畏之心欣赏太阳唤醒地球时的壮观景象。③ 她要去自然博物馆、大都会艺术博物馆，欣赏罗丹、米开朗琪罗的雕塑，欣赏达·芬奇、拉斐尔、伦勃朗的油画。她要去感受戏剧演出的色彩与魅力，去欣赏莎士比亚著作中名角的迷人形象。

第三天，她要再次体验黎明的喜悦，因为新的美必定能在每一天的

---

① 〔美〕海伦·凯勒：《我的人生故事》，王家湘译，北京十月文艺出版社，2005，第152～153页。

② 〔美〕海伦·凯勒：《我的人生故事》，王家湘译，北京十月文艺出版社，2005，第156页。

③ 〔美〕海伦·凯勒：《我的人生故事》，王家湘译，北京十月文艺出版社，2005，第157页。

黎明得到揭示。① 她会观看普通人的生活，观察川流不息的人群，体味行人的微笑。她要去看喜剧，体验人类精神中积极乐观的因素。

海伦教导我们，要像即将失去眼睛那样去充分利用自己的眼睛②，看到生活中从未发现或不被重视的珍贵的东西。只有以从未有过的方式使用自己的官能，才能够发现生存境域中从未看到、听到、感触到的东西，从而让自己的生存境域充分展现出来。③

拓展审美心胸，也是为了能够最大限度地利用人的每一种感官，充分体验生存境域中的神奇与丰富，体验生存的快乐与喜悦。④ 在审美生存实践中，拓展审美心胸，培育审美感官，是极为重要的途径。

四　培养审美能力

第一，审美能力的基本内涵。审美能力是指审美感兴的能力，也就是如何感受无限丰富的感性世界及其内涵的能力。借助于审美能力，审美对象与审美主体彼此交融，生成审美的意象世界，为人的生存带来喜悦，增添了人生的情趣。

审美能力，是感知人生、获取人生体验的方式。与科学研究不同，科学研究致力于发现客观事物所蕴含的客观规律，其目的是建构具有客观普遍性的知识体系。审美能力则不然，它致力于使审美主体进入自身的生存境域之中，体验生存的多种可能性和生存世界的丰富多彩，增加人生存的情趣与意义。

具备审美能力是实现审美生存的条件。真正的进步不仅仅是生产资

---

① 〔美〕海伦·凯勒：《我的人生故事》，王家湘译，北京十月文艺出版社，2005，第162页。
② 〔美〕海伦·凯勒：《我的人生故事》，王家湘译，北京十月文艺出版社，2005，第165页。
③ 〔美〕海伦·凯勒：《我的人生故事》，王家湘译，北京十月文艺出版社，2005，第165页。
④ 〔美〕海伦·凯勒：《我的人生故事》，王家湘译，北京十月文艺出版社，2005，第166页。

料的日益丰富，还包括生存经验（体验）的日益丰富。生活艺术的最佳表现不是对生存境域的适应，这只是进步主义的荒谬。人的生存具有三重欲望①：活着，活得好，活得更好。因此，人最大的满足就是更加丰富的经验与体验，亦即来自审美生存的体验。

第二，审美能力之于审美生存教化的意义。审美能力是体验审美生存的综合能力，包含了直觉审美世界、建构意象世界、领悟审美生存等方面的技艺。因此，审美能力的提升必须以整体文化教养的积淀作为基础，并结合审美活动的实践充分展开，同时也要注意在审美能力培育的过程中建立与个体内在经历的联系。

审美生存能力之所以需要交化，是因为进步不是普遍存在的，也不是通过艰苦劳动就可以实现的。进步与提升不是事物本身所固有的，"如果我们考察自然界中的万物，但求生存（然后慢慢衰亡）似乎就是普遍的规则，追求向上发展的情况是很少的例外"②。所以，应努力提升人的审美生存能力，通过不断完善人的生存方式，来提高人的生存质量。

因此，审美能力的培育不能孤立地展开，而要多方面多渠道地同时进行，如学习审美欣赏的技艺、参加审美活动、提升审美主体的文化素养、塑造审美生存的境域。在这个过程中，还应结合个体的独特经历，提供具有针对性的指导。

五　提升审美趣味

第一，审美趣味的基本内涵。审美趣味是指审美主体的审美偏好、审美标准以及审美理想的综合体，它集中体现了审美主体的审美价值标准。

审美偏好是指审美主体的心理指向性，审美主体会重点关注某种类型的审美对象或者审美形式。审美偏好应在可塑性与专一性之间保持某

---

① 〔英〕怀特海：《理性的功能》，转引自〔美〕大卫·雷·格里芬《怀特海的另类后现代哲学》，周邦宪译，北京大学出版社，2013，第56页。
② 〔英〕怀特海：《理性的功能》，转引自〔美〕大卫·雷·格里芬《怀特海的另类后现代哲学》，周邦宪译，北京大学出版社，2013，第57页。

种平衡，在一定的兴趣范围内，有着相对固定的核心，并且维持动态的发展变化。

审美标准是审美主体进行审美判断时所采用的尺度，是判断审美对象等级的参照。审美标准主要受到审美主体的修养以及审美活动经验的影响，也与审美主体的文化背景、艺术背景有关。

审美理想是审美主体的理性形态，体现了审美主体在审美活动中的期望与追求。审美理想在根本上影响审美偏好与审美标准，并能够激励审美主体不断参与审美活动，提升审美生存的层次。

审美趣味决定了审美主体的审美指向，并左右意象世界的生成。意象世界是情与景的交融，是情感世界对生存世界的反映，是在观照中发现生存的意义，而审美趣味是其中的重要影响因素。

第二，审美趣味之于审美生存教化的重要意义。审美趣味决定了审美主体的审美指向，影响审美主体的审美活动，以及意象世界与审美体验的生成。审美主体各方面审美趣味的总和就是审美主体审美的整体表现。

审美趣味存在教化的可能性。审美趣味是在审美活动中逐渐生成的，审美主体的家庭状况、社会地位、职业种类、生存方式、文化素养、个体体验都会影响审美趣味的形成，而这些因素具有相对稳定性。因此，审美趣味也具有相对稳定性。但改变审美主体的生存环境、教育状况、生存方式，都有可能改变其审美趣味。所以，在审美生存教化中，应注重对相关因素的调整与完善。

审美趣味存在可以教化的必要性。不同的审美趣味之间是有差异的，应该发展健康的、高雅的、纯正的审美趣味，拒斥病态的、低俗的、恶劣的审美趣味。这样才能引导审美主体进入审美生存状态，提升生存层次，激发生存的潜能，展现生存境域的丰富意蕴。

审美趣味源于生活的积淀，是保证生活质量的重要因素。当前之所以缺乏审美趣味，是因为大部分产品都是批量生产的，不可能讲究品质。所以，在现代社会中，价格高昂的往往是手工制作的[①]，因为手工制作的

---

① 蒋勋：《天地有大美》，广西师范大学出版社，2006，第20页。

物品包含着人的情感。

六　学会诗意栖居

第一，诗意栖居的现代渴望。随着现代化浪潮的风涌云起，通过科学技术解放自身的理想落空，个体从外在被奴役的状态转向了被自身欲望奴役的状态。虽然人类借助于技术理性来征服世界的自由越来越宽泛，但个体生存所承受的孤独感与无力感也越来越明显。僭越的技术理性与现代意识形态的虚伪性一道，紧紧钳制了现代人的生存自由。当今人们获得的物质享受越来越多，但是精神生活却越来越单调、乏味。

精神生活是人类的终极追求。精神家园是人类的生存支撑，心灵归宿是人类的终极关怀，人的根本特征就在于用理想的生存世界引导此世的生存，用可能性的存在引导现实活动，是在有限存在之中不断超越的对无限的向往者。人总是习惯于在变幻莫测的存在境域之中追求更多的可能性，在自身的既定现实之中创造未来，在有限之中追求无限。精神生活是人类的终极追求，其现实体验就是人的诗意栖居。

然而，现实困境却使诗意栖居遥不可及。在及时行乐观念的影响下，艺术沦为消遣，人们的精神已无处安放。在越来越繁忙的社会事务中，在紧张的生活节奏中，人们渴望的是精神的放松与感官的满足。所以，在现实生活中，诗意栖居已经成为当下审美生存研究的重要问题。

第二，诗意栖居的审美教化意义。失落的精神世界需要诗意栖居的拯救。实用功利的倾向不断侵蚀人类文化，各种商业活动刺激着人类的虚荣、欲望与低层次的感官追求，使人们物质生活充裕的同时，精神世界却日益荒芜。在这种情况下，解决人的精神生活问题，实现诗意地栖居就成为重要课题。

审美生存教育的一个重要目标就是实现诗意地栖居。诗意栖居是有利于彰显人类本性的存在方式，要求人以审美的态度来面对生存世界，并选择最适合捍卫人的尊严、体现人的价值的方式去生存，最终使自己的真实本性充分展现出来。在诗意栖居中，人能够摆脱庸常生活的惯性驱使，借助于诗意的审美眼光颠覆日常生活中的思维惰性，把人导向审美生存的维度，让人揭开虚假意识形态的面具，直面生存的艰辛与创造的喜悦、生命的安乐与死亡的威胁，鼓励人不断突破当下的限制，提升自身的审美生存层次，创造更加完美的生存境域。

第十五章　提升审美生存的能力

提升审美生存能力是审美生存的客观要求，本节从审美生存的语言能力、思考能力、节日效用以及日常践行四个方面，对审美生存能力的提高进行具体阐述，以使人融入审美生存境域之中。

一　审美生存的语言能力

第一，语言对建构审美生存的重要意义。审美生存离不开语言的建构。语言是存在之家，是诗意栖居之所。审美意识与审美现象只有借助于语言才能够表现出来，并且只有在语言的基础上，美的历史性、积淀性才能得以延续，审美生存也才能不断延续。同时，语言的审美价值，也是审美生存的结果，"行有余力，则以学文"，文化是审美的载体和审美发展的表现。语言的审美创造能力，是审美生存的前提条件。人是符号性动物，借助于语言才能更加深入地把握生存，才能领会到生存的丰富含义。学习运用语言的能力，是审美生存技艺的重要组成部分。

语言的建构内含着审美生存的意蕴。语言的建构不仅仅是为了在实践活动中加强彼此的联系，更根本的目标是实现审美生存的超越。语言的象征性与中介性，使其不但能发挥传达意义、协调沟通、建构关系的作用，还具有丰富想象、促进人与世界和谐、更新生成意愿的作用。语言能为审美生存提供更开阔的审美生存场域，使人的生存转变为富有各种可能性的实践，引导其在一切可能的领域进行超越。存在者在语言的帮助下展开审美想象的自由超越活动，并使人生存审美的目标不断更新。

只有使用诗性的语言，才能使人的生存变成具有审美意味的创造过程。诗性的语言是体现历史本然的原始语言，是历史生成与发展的基本动力，也是体现本然存在的语言。日常生活中使用的语言，诗意被遗忘或者枯竭，难以发掘存在的可能性，从而使人陷入无所作为、得过且过的庸俗生存之中。

第二，诗性语言构建审美生存的方式。存在者只有将语言的诗性充分挖掘出来，才能使自己的生存变成不断创造的审美过程。存在者对待语言，应像诗人那样，随时准备突破日常运用的樊篱，让语言按照本性自行涌现，借助于语言涌现过程中解蔽与遮蔽、模糊与清晰、间接与直接、简洁与寓意、重现与创造的冲突游戏，展现生存世界的本真状态。应以诗歌为典范灵活运用语言，既要不断调整语言游戏的主题与方向，也要不断更新语言的风格，以促进生存诗意的表达。

所谓诗意地运用语言，实际上是希望存在者能够像诗人那样运用语言并用审美的态度去生存，并不是强调必须以诗歌的形式去言说。并非人人都可以写出诗歌，但是人人都有可能遵循诗性言说的本质规律，使语言成为澄明人的此在的理想境域。真正的存在者应该学会利用语言的模糊性与象征性，为倾听者与欣赏者留下足够的想象空间，使其可以反复品味并参与时空结构的再创造。

语言应该成为生存的主体，语言能够言说人的存在。"词语崩解处，一个'存在'出现。"① 人在使用语言的过程中，应主动把主体性让渡给语言，让渡给倾听者与鉴赏者，使语言能够按照本然的规律自行显现，使倾听者与鉴赏者都能够通过文本语言成为其自身存在的主人，使其对存在的所有想象与触动都借助于文字展现出来。

语言诗性运用的关键在于把现实存在之物以及语言对世界的描述视为情致与想象的桥梁，借此从物中领悟人之情，从物之在通达人之在，从而使内在主体的情致与外在世界的存在相互交融，构成完整的有机整体，实现对存在更深意义的揭示。因此，诗性语言的运用，最重要的是

---

① 〔德〕海德格尔：《在通向语言的途中》，孙周兴译，商务印书馆，1997，第183页。

能够做到蓄而不发，言有尽而意无穷。

第三，诗性语言运用对于审美生存教化的重要意义。诗性语言的运用，要求审美生存教化进入自由与突破的境域之中。让自我意识保持梦与醉的状态，从而摆脱预定设想的限制，自由想象存在的可能性。实际上，最根本的是能够打破原先的主体性结构，使自身摆脱原先经验的束缚。

诗性语言的运用，要求审美生存教化应以寓言的方式展开。寓言因其结构的模糊性，表达的范围可大可小，表达的张力也得到提升。寓言因其对意义的转换、储藏以及聚焦，能够发挥语言超越性的自我生产作用，在变幻无穷的形式中隐含存在本质的密码，并借此进行组合以及提升自我增值技艺，为审美生存提供不竭动力。

诗性语言的运用，要求审美生存教化应以寓言模式建构生存。寓言的模式，是为了使存在者掌握含蓄委婉的生存技艺，以恰到好处地处理自身存在与他在的关系。只有随时践行符合自身的实践智慧，通过委婉含蓄的方式传达语言的内涵，才能实现生活的安宁以及生存的审美化，并在与他者的关系中保持协和共进的状态。

第四，诗性语言运用的技艺与锻炼的途径。诗性语言的运用，需要借助于实际策略。语言运用的策略是生存智慧的有机组成部分，是在长期的生存实践中积淀而成的。语言技艺的掌握要从现实需要以及具体情境出发，并参照主体的目的、对象的差别以及关系网络的变化。鉴于生存境域的复杂性，语言使用的方法、策略会发生变化，只有在反复的实践中，才能够深入体会与把握。因为语言本身是"最危险的财富"，它威胁着存在的澄明，"危险乃是存在者对存在的威胁。……惟语言首先创造了存在之被威胁和存在之迷误的可敞开的处所，从而首先创造了存在之遗失的可能性，这就是——危险"①。

诗性语言的运用，需要借助于文本的熏染。通过对经典文本的反复研读、省思，从字里行间挖掘丰富内涵，把对文本的研读转化为体认生存真理的过程。因此，对文本的研读，就是探索文本逻各斯的过程，是

---

① 〔德〕海德格尔：《荷尔德林诗的阐释》，孙周兴译，商务印书馆，2000，第39页。

在信息符号中提炼真正信息的过程。对文本语言技艺的学习没有捷径，需要进行长期的艰辛训练以及精进的努力。

诗性语言在运用过程中，需要铭记生存的标杆。提高诗性语言的运用技艺，并不是为了破除语言的局限性，而是借助于语言，传达生存之美。因此需要切记，既要超出语言的界限，又要超出语言自身。把语言技艺与生存技艺相结合，反复淬炼，从而更好地进入审美生存之境。

二 审美生存的思考能力

第一，审美生存的思考能力，实际上是指实际生存过程中，对生存本身进行系统化批判的思维能力，是促成生命超越与审美生存的重要条件。审美生存的思考能力是人理解存在的方式，但审美生存的理解方式不应按照主客体二分的方式去理解，而应按照存在本身的性质去理解，"理解不属于主体的行为方式，而是此在本身的存在方式"①。这种理解生存的方式显现了人的此在的变化与流动，它包含了人的此在所拥有的全部经验：在此过程中，人既不能肆意妄为，也不能以点代面，而应遵循事物的本性，意识到此在的流动与变化是弥漫在人的一切此在之中的。②

审美生存的思考能力是近现代人所欠缺的。近现代人已经习惯于在现代科技的逻辑下进行思考，只有借助于各种法则、规范才能发现生存的真谛。如是，现代人的思维受到法则与规范的约束，从而无法质疑当下的生存，难以发现存在问题的深层根源，使现代人的生存越来越缺乏生机。

审美生存的目的是拯救生存。从僵化的思维模式中解放出来，对生存本身进行系统化的批判，尤其是对传统的思维模式所依赖的规范、法则进行反思，对习以为常的生存状况进行批判，从经验主义与理性主义的两极分化中抽离出来，对生存本身存在的可能性进行大胆的创新与否

---

① 〔德〕伽达默尔：《真理与方法》上卷，洪汉鼎译，上海译文出版社，1999，第6页。
② 〔德〕伽达默尔：《真理与方法》上卷，洪汉鼎译，上海译文出版社，1999，第6页。

定，从而依据生存境域的变化，及时选择最为适宜的审美生存方式。

第二，审美生存思考能力的基本内涵。审美生存的思考能力是批判方法、生存态度以及思考艺术的集合，具体来说，其主要包含以下几个方面。

首先，审美生存的思考是对生存整体的思考。审美生存的思考不仅是对生存境域中具体存在之物的思考，也是对生存境域整体和生存境域中所有存在的思考。其思考的内容，用庄子的话说就是：至大无外，比外更远；至小无内，比内更近。对人的生存来说，绝非主观建构或客观反射的结果，而是对生存境域进行整体观照又回归生存境域的探索。因为对生存的思索必须既能超越生存境域之外，又能回到生存境域之中。人的生存之思，必须消除传统主体性思维习惯的影响，同时又必须是对生存境域的思索，因此存在既抽离又回归的关系。

一切成见都是有限的、不可依靠的，必须打破经验的限制。真正的经验是人类对自身有限性的了解，知道自己并非时间与未来的主宰者，能深刻地体会到"一切预见的界限和一切计划的不可靠性"[1]。所谓经验的完整，并不是说经验能够抵达自身的终点，或者说经验能够产生更加完美的存在形式，而是强调经验能够真正地、全面地进入存在之中。在经验与存在的完美交融中，人类的存在得到了澄明与释放，并不断丰富存在的形态，突破了当前此在的疆域。

对生存整体的思考，需要打破传统、法律、规范的限制，清理制度、逻辑、科学的残留成分，在生存的极限与生命的边界中进行思考，在主体性之上进行自由的创造。最终是为了摆脱本身的限制与约束，以生存整体为思考的根本对象与最终目标。

其次，生存审美的思考是对诗性语言的思考。语言是存在之家，人的思考与生存只有以语言为载体，才能得到彰显。而且，正是语言本身的矛盾、歧义、多义甚至吊诡，才能凸显思维的新天地与生存的新可能，然后在冲突、纠结之中发现问题的根源。因此，在审美生存思考能力的塑造过程中，应注重语言技能的提升。

---

[1] 〔德〕伽达默尔：《真理与方法》上卷，洪汉鼎译，上海译文出版社，1999，第459页。

最后，生存审美的思考是对生存游戏的思考。人的生存本身是在遮蔽与解蔽之间的转换与冲突，也是本真生存与非本真生存之间的游戏。因此，在审美生存思考的过程中，不应局限在僵硬的框架中，而应从生存本身出发，以自由游戏的态度揭示问题，寻找诗意。

第三，审美生存思考能力之于审美生存教化的重要意义。审美生存思考能力是实现审美生存的重要条件，也是审美生存教化的重要内容。在现实生活中，审美生存思考能力体现在两个方面，一是审美生存主体对自身生存状态的思考能力，二是审美生存主体对整体生存境域的思考能力。在这里主要阐述第二个方面，对整体生存境域的思考可以体现为人们对政治活动技艺的学习与掌握。

开展政治活动，是为了更好地生存。因此，政治活动并非政治家的专业，而是每个公民所必须面对的，是生存境域不可或缺的组成部分。正是政治生活决定了人生存的基本状况，学习与掌握政治活动的技艺，是审美生存的重要组成部分。

掌握政治活动技艺，是诗意生存的客观要求。亚里士多德在《政治学》中明确指出，"人是政治的动物"，[①] 只有当人意识到从事政治活动的必要性时，它才能结束野蛮人的状态。人的生存境域的展开，只有在自身与他者的互动之中才有可能，这也是强调语言技艺的原因，灵活而正确地传达正是为了彼此更好地沟通与合作。

审美生存教化必须培养公民参与政治活动的主动性与技艺。人的自由体现为积极地参与政治活动，以关怀生命的原则对待自身与他者。这就要求在审美生存教化中，必须引导存在者掌握语言的技艺，学会清晰准确地传递信息，并善于引导自身与他者进入审美生存之中。

三　审美生存的节日效用

第一，审美生存节日效用的具体体现。节日在人的审美生存中具有

---

① 〔古希腊〕亚里士多德：《政治学》，吴寿彭译，商务印书馆，1983，第 7 页。

重要意义。节日欢庆能使人摆脱日常生活的束缚，体验到日常生活中难以觉察的整体感，并促使人沉醉于对生存整体的感知之中。①

节日活动能消除疲劳。为了生活四处奔波劳碌，生存的压力甚至使人类遗忘了最真实的生存本身。节日欢庆活动，借助于艺术形式使人们消除了疲惫感、麻木感，恢复了生存的勃勃生机②，重新达到本真的生存状态。

节日活动能够消除人与人之间的隔阂。节日欢庆是人类为自身创造的时间，在这种时间里，人与人之间的等级隔阂消失了，每个人都能够以宽容的态度对待他人，日常的礼仪秩序也暂时退场，每个人都能够自由自在地沉醉于欢庆的愉悦之中。③

节日欢庆活动有利于使人进入生存的整体境域之中。在节日欢庆中，喜悦使人进入忘我之境，与他者、自然、世界相交融，人类与相对的存在和解，人为的樊篱消失，并进入更高的存在整体之中④，深刻地体验到自由与解放的欢喜。人的肉体与精神摆脱了日常生活的束缚，重新获得对真实生存的强烈体验，充满了审美的喜悦。

第二，节日效用审美生存的重要意义。节日欢庆活动对于审美生存意义重大。节日欢庆活动作为人类重要的文化载体，能够把人带入生存的最高目的之中。

节日欢庆活动促成人对日常生活的超越。在日常生活中，人与人之间存在年龄、地位、资产、家庭等种种差距。但在节日欢庆活动中，每个人都能投入其中，人与人之间的隔阂隐而不见，彼此之间平等相待，这就超越了日常生活对人际关系的制约，呈现出更加本然的状态。

节日欢庆活动促成人对自由存在的回归。在节日欢庆活动中，人能摆脱实用主义与功利主义的束缚；人与人之间自由平等的往来，可以使

---

① 〔德〕约瑟夫·皮珀：《闲暇：文化的基础》，刘森尧译，新星出版社，2005，第63页。
② 〔德〕约瑟夫·皮珀：《闲暇：文化的基础》，刘森尧译，新星出版社，2005，第63页。
③ 〔俄〕巴赫金：《巴赫金全集》第6卷，晓河、贾泽林、张杰、樊锦鑫等译，河北教育出版社，1998，第284页。
④ 〔德〕尼采：《悲剧的诞生》，周国平译，生活·读书·新知三联书店，1986，第5~6页。

人回到本真的生存状态之中。在节日欢庆活动所构成的纯粹、本然的人际关系之中①，能体验到存在的本质。这种自由存在的回归获得了纯粹的审美生存体验，是审美生存的典型状态。欢度节日绝非浪费时间，而是对心灵的拯救。过于忙碌、无暇于心灵的放松与反省，无异于心灵的死亡。

第三，审美生存节日效用的缺失及弥补。节日欢庆是对传统的认可与融入。在节日中，人们认真对待自身生存境域中的历史传统，也容易获得美好的情感体验。节日欢庆的美学效应，建立在尊重传统秩序的基础之上。在尊重的前提下，才能够让人对生存的境域产生安全感，获得审美体验所需要的条件，从而实现审美生存。中国古代有一种建筑叫"亭"，实际上就是在提醒匆匆生活的人们，停下来看看四周的美景，欣赏周围无所不在的美。

节日欢庆的效用是对日常生活中审美缺失的弥补。节日欢庆中，人们一扫日常生活的贫瘠与乏味，使所有人都能在平等的状态下体验群体狂欢。正是在节庆活动中，人能体验到赴死与重生的交替②，衰微与生成的转换，成与败、住与空的紧密相依，从而获得对生存本身的审美体验。节庆能够唤醒人的时间观念，使人对时间的流逝产生强烈的体验，时间体验则使人趋向永恒③，促使人深刻切入本真生存之中。

四　审美生存的日常践行

第一，审美生存日常践行的现代趋势。随着社会经济的发展，物质生活需求在不断得到满足之后，对精神生活的要求也日益提高，生存方式与生存状态越来越成为现代人关注的焦点。审美生存日常践行的突出

---

① 〔俄〕巴赫金:《巴赫金全集》第 6 卷，晓河、贾泽林、张杰、攀锦鑫等译，河北教育出版社，1998，第 12 页。

② 〔俄〕巴赫金:《巴赫金全集》第 6 卷，晓河、贾泽林、张杰、攀锦鑫等译，河北教育出版社，1998，第 11 页。

③ 〔俄〕巴赫金:《巴赫金全集》第 6 卷，晓河、贾泽林、张杰、攀锦鑫等译，河北教育出版社，1998，第 10 页。

表现，就是审美与体验在社会生活中越来越受到重视。

审美价值逐渐成为商品的主导价值。20 世纪 60 年代以来，审美价值在商品交易中的地位越来越高，逐渐成为主导商品交易的关键因素。审美价值，已经成为评价商品的首要标准，商品所涉及的审美体验与精神享受成为左右商品交易的首要因素。体验经济的兴起，是审美价值主导作用的具体体现。体验经济就是把商品的使用价值与审美价值、情感体验紧密结合起来，注重商品对人审美需要的满足①。

审美体验成为衡量商品价值的关键指标。1999 年，美国的两位经济学家提出了体验经济的观点，强调体验经济是以服务为载体，创造出使消费者参与其中并值得消费者回忆的经济活动②。在物质匮乏时代，效用对人的幸福起决定作用，但在物质富足之后，快乐的体验才能使人产生幸福感。最美好的生活应是可以协助人产生审美体验的生活③，这也是经济发展价值转向的衡量标准。

第二，审美生存日常践行的重要意义。审美生存被越来越多的人在日常生活中践行，现代人越来越重视审美体验的获得、快乐的获得以及精神上的享受。

随着日常生活审美化的推进，审美体验扩展至生活领域，对消费活动中审美愉悦的要求也越来越高。为了获得审美愉悦，人对自身的生存方式以及商品与环境所提供的精神享受越来越重视。同时在这个过程中，审美生存的精神性转化为感官体验，体现为感官对触觉、味觉、视觉、听觉越来越挑剔的要求；这种体验在日常生存的各个层面成为衡量生存质量的重要标准。④ 在审美生存状态中，审美体验、精神享受、心理快感合而为一。

第三，审美生存日常践行的教化启示。日常生活审美践行不是对日常生活单向的审美化或者把审美的形象移植到日常生活之中，而是打破

---

① 凌继尧：《关于构建审美经济学的构想——凌继尧先生访谈录》，《东南大学学报》2006年第 3 期。
② 凌继尧：《艺术设计十五讲》，北京大学出版社，2006，第 320 页。
③ 凌继尧：《艺术设计十五讲》，北京大学出版社，2006，第 320 页。
④ 周宪：《"后革命时代"的日常生活审美化》，《北京大学学报》（哲学社会科学版）2007年第 4 期。

日常生活与审美生存之间的界限，形成日常生活与审美体验的双向互动，把审美体验与日常生活紧密结合起来。在审美生存教化中，必须将审美生存与日常生活进行无缝对接。

审美生存教化应重视审美实用化与实用审美化辩证的发展过程。美是从实用的、物质的活动中产生的，此之谓审美与实用关系之肯定；后来，审美与实用逐渐分离，艺术创造主要是为了获得审美体验，此之谓审美与实用关系之否定；现在，审美又重新与实用相结合，在实用的活动中同时获得审美体验，此之谓审美与实用关系否定之否定。审美生存教化应重视这一发展趋势，将审美体验、精神享受、生理愉悦作为追求的目标，推动人类生存境域的不断拓展。

审美生存教化应重视对日常生活技能的不断提升，娴熟的生活技能不但能使人摆脱束缚①，还能使人体验到审美快感。庄子名篇《养生主》中提道，庖丁解牛之所以能够媲美"桑林之舞""咸池之乐"，是因为其日复一日的训练所形成的游刃有余的解剖技能。正是因为专注和坚持，庖丁才能够从盘根错节的关节中理出头绪，达到"以无厚入有间，游刃有余"的境界，不但能从诸多的束缚与牵绊中解脱出来，还能感受到自由的存在，重新回归纯粹的自我。

审美生存教化过程中应重视对自身的管理。只有当一个人首先管理好自己的时候，才能创造更好的生存境域。只有管理好自己的金钱、时间、精力、人脉、思想、行为，才能成为生存境域中的典范，进而推动生存境域的完善。对自身的管理是个体实现审美存在的条件。王石之所以以业余运动员的身份登顶珠峰，与其严格的自我管理关系密切。据冯仑介绍②，其在登顶期间，严格按照要求涂抹防晒油以保护身体，严格按照预定时间作息以保证精力，严格按照饮食要求强迫自己吃东西以保持体力，并严格按照登山要求不出帐篷以保证能量。为了生成审美存在，人应该有意识地管理自己的生活，这也是提升审美生存技能的原因所在。

---

① 蒋勋：《天地有大美》，广西师范大学出版社，2006，序言第3页。
② 冯仑：《伟大是熬出来的》，辽宁教育出版社，2011，第18页。

第十六章　重视身体审美的落实

审美生存建立在身体审美的基础之上，并依赖于身体审美与精神审美之间的互动关系。身体审美是自然进化与文化积淀的产物，也是生存经验与社会影响的结晶。身体作为存在的基础，参与了存在的生成活动，并经受着存在境域的考验。身体之审美，是审美生存最坚实的基础。故此，本节从身体审美的存在维度、超越维度和实践通途三个方面阐述身体审美的落实。

一　身体审美的存在维度

第一，身体审美的存在维度是审美生存的基础。身体是审美生存的奥秘所在，人的身体是象征性符号与文化符号的浓缩，是人类生存历程的载体。人的喜怒哀乐，都蕴含在人的身体之中。审美的不同发展阶段，也通过人的身体得以体现。身体是审美生存的起点和终点，也是人之为人的根基。无论生存实践如何复杂，其作用的限度都在身体所在的必然性之中①。

身体是存在与生存的基础。与动物相比，人的身体获取信息的装置并无特殊之处，"只不过人在信息方面是'杂食'的，其控制系统（处理

---

① 〔法〕让－弗朗索瓦·利奥塔：《非人——时间漫谈》，罗国祥译，商务印书馆，2000，第13页。

信息的代码和规则）更加复杂，储存信息的能力更强"①。但它作为一种复杂的生物性有机体结构，构成了人类生存的基础。人世间各种神奇的文化与观念，都离不开身体以及身体所承受的命运。人的身体绝不仅仅是肉身的自然器官，也是文化性与社会性的生命存在。人的审美体验、精神生活，不可能脱离身体而独立存在。

身体是生成与创造的基础。人的身体是创造各种文化产品的基础，也是人享受精神生活的基础。人的身体存在，不仅是自然物质现象，也是社会文化现象，是人类思想的永恒载体，是人的思想与观念演化的基础。

第二，身体审美的存在维度的基本特征。首先，身体审美的存在维度具有三重性。一是身体的物质维度。这是人生存的物质基础，"我"只有寄寓在身体之中才能存在。因此，"我"的身体会呈现一定的形状，占有一定的时空。二是身体的他者维度。这是人之为人的社会基础，"我"的存在只有在与他人的关联之中才能够显示出来。因此，"我"的身体必须被他人所认识，并与他人发生某种关联。三是身体的审美维度。这是人之为人的最高存在形式，人的存在通过抽象的、超越的、象征性的时空建构绽放出来。"我"自身作为他者的存在，他者的存在是"我"的主体，"我"的存在是他者的客体，他者的存在要通过"我"自身的存在得到确认。只有当"我"的身体存在的时候，才能够确认"我"自身以及他者的存在。

其次，身体审美的存在维度是人与世界发生关系的交接点。身体是人与人、人与自然、人与社会进行沟通、交流的出发点。在生存活动中，身体始终是人精神生活与物质生活的根基，也是内在生活与外在生活得以展开的场域。所有的关系都要以身体为基点与归宿，否则，人的生存难以进入世界之中，也难以延续并产生影响。

最后，身体审美的存在维度是人与世界展开互动的区别点。身体的特定形状使其占据了特定的时空，也形成了生命存在的基本界限，身体

---

① 〔法〕让－弗朗索瓦·利奥塔：《非人——时间漫谈》，罗国祥译，商务印书馆，2000，第12页。

的界限是人自身与世界进行交往的深层范畴。只有从身体的界限出发，人才能继续扩大和深化生命的活动范围及其融入世界的程度。身体的界限是人与人、人与自然、人与世界相区别的出发点和交接点。身体审美的存在，决定了人生存境域的范围。

身体审美的存在维度是人的存在中最神秘复杂的部分。它是人与世界的交汇之处，也是人与世界的区分之处；它既连接人与世界，也分割人与世界；它既限定人的存在，也超越人的存在。它的双向运作和互动，使身体的存在具有了变化的可能性。身体的亲在是审美生存的奇妙体现。

第三，身体审美的存在维度的生存价值。身体审美的存在维度是生存境域得以展开的动力。个体的生命存在与生存创造活动，都是以身体为载体并从身体出发的，之后还会用所有活动的结果来充实身体的存在，并在此基础上推进生存状态的更新与创造。

身体的存在通过两个方面展开：一方面，身体不断超越既定的时空领域，拓展身体存在的生存境域，朝着更多可能性的存在延伸；另一方面，身体不断回归心灵深处、情感深处，在不同的思想境界中反省与创造，不断提升精神生活的层次，借助于思想与心灵的批判，体验越来越深遂、越来越细腻的审美生存，提升身体存在的气质。

身体的存在是人在时空境域中的基本载体。借助于生存的体验，人得以展开想象；通过在时间中与历史文化展开交流，人得以为自身的生存提供无限可能。借由身体，存在者不但可以占有生存活动的基本空间，还能不断开拓和超越既定的有限空间，使之扩张和延伸。

身体的存在境域是从有限境域向无限境域的演变。身体的亲在境域突破了肉身结构的空间局限，倾向于占有一切可能的生存空间。借助于欲望、情感、想象与意志，存在者将自身延伸到一切可能的境域之中。瞬间的存在是生存世界中最充分意义上的实际存在①，也是由身体的亲在所承受的。

---

① 〔美〕大卫·雷·格里芬：《怀特海的另类后现代哲学》，周邦宪译，北京大学出版社，2013，第75页。

　　身体是人生存的基础。世界的终极单位是个体之生存经验，个体的生存经验会及时回应施加给自身的动力因果关系。每一个生存个体首先是作为生存的主体而存在的，其次是作为后续主体的客体而继续存在的。所以，在每一个生存个体之生存中，存在自我创造与创造他者之间的永恒摆动。[①]　生存的展开过程，实际上是向外扩张与向内延伸的有机统一，二者之间的交互影响赋予人以特殊的生命力。

　　第四，身体审美的存在维度的教化意义。身体审美的存在维度是审美生存的体现形态，是人心灵状态与精神气质的外在表现。人的灵魂，需要借助于身体绽放。身体的存在是确定性与模糊性的统一，是有限性与无限性的统一，是界限和超越的统一。

　　审美生存化必须警惕现代社会对身体审美存在维度的侵蚀。现代社会借助于泛化的社会监督机制，通过支配人的身体影响人的心灵结构、精神生活。如真理与知识本是为了满足身体的欲望而产生的，但在权力与道德的影响下又成为控制身体的工具，这是审美生存教化需要克服的难题。

　　审美生存教化必须充分意识到身体存在是自然存在、文化存在与社会存在的统一体。人的身体栖息于特定的生活脉络与关系网络之中，特定的社会文化条件及其变化构成了身体存在的境域。身体各个部分的运作方式、行动效果、功能特性受到特定的社会文化环境的限制与影响，并借助于特定的社会文化环境展现出来。因此，身体任何部位的活动方式，都与特定的制度、规范、文化、仪式息息相关。任何存在者，都没有理由为了满足纯粹的生理需要而放纵欲望，以及为此展开任何不受约束的活动。

　　审美生存教化必须使人意识到现代社会对身体的控制及影响。如现代社会中性话语的泛滥，实际上是将其作为统治社会的工具，把性视为占有权力、道德、知识、资源的工具。通过控制性话语的生产与诠释，

────────────

　　① 〔美〕大卫·雷·格里芬：《怀特海的另类后现代哲学》，周邦宪译，北京大学出版社，2013，第76页。

将社会的统治网络浓缩化、重叠化与普遍化，借助于对性这一私人身体活动的干涉，控制人的出生、成长以及生命的每个阶段，把个体的身体活动圈入社会化、政治化的监控之中。审美生存的实现，必须消除社会统治对个体身体活动的侵蚀。

二　身体审美的超越维度

第一，身体审美的超越维度的现实基础。身体审美是人类的身体在自然与社会的长期发展进化中形成的。在人类发展历程中，身体审美是自然与社会长期发展、共同作用的产物，是世界上现存的最崇高最优美的作品，也是人类生存发展的无价之宝。

身体审美的超越维度建立在身体感知限度的基础之上。身体能感受到的任何感知场都是有限度的，但这个限度超过了人的感知能力范围，就像人只能看到某个物体的一个侧面，其他的侧面则隐而不见。虽然人在精神上力求完整地描述认知对象，但总是不能实现，因为物每次呈现给人的绝对是个别的，任何真正的看总还有余下的可看之物未能看到，身体感知的认识无法满足完整描述的逻辑要求。①

身体审美是审美创造与审美超越的基础。审美意识的诞生、审美创造的发起，要以身体审美为依托；与此同时，身体审美的形成，也要借助于审美意识与审美情感，栖身于社会文化网络之中。二者是统一的，是人类文化的有机组成部分。身体的训练、教育、改造以及社会文化的变迁会影响身体审美的变化，身体审美也会随着身体的更新而改变。身体审美既是文化发展的产物，也是文化创造的动力。

身体审美的体验以及实践，是人进行审美生存实践的起点，也是文化发展与历史进步的基础与动力。与此同时，人类自身的锻炼与培育也是身体审美得以形成的重要条件，是人类借助于身体审美超越自身的基

---

① 〔法〕让－弗朗索瓦·利奥塔：《非人——时间漫谈》，罗国祥译，商务印书馆，2000，第17页。

本要求。

第二，身体审美的超越维度的基本特征。身体审美的超越维度奠基于身体审美的双重性。身体审美的渊源，一方面是自然属性的肉体欲望与冲动，另一方面又以人类的精神生活、文化观念为背景。因此，身体审美一方面是对肉身需要的基本肯定，另一方面是对精神生存的提炼与升华。所以，身体审美的双重性决定了身体审美的超越维度。

身体审美的超越维度体现在身体存在与审美活动的关系上。审美活动以及审美意识要以身体存在为起点或终点，身体现象是审美活动与审美创造的内在机制。身体的表现，是人类生存与生命活动内在联系的具体展现，与体现生命本质的审美活动以及艺术创造关系密切。审美活动以及审美意识，是为了满足身体的审美需要或身体愉悦的变形与延伸。

超越性是人的审美生存的突出特征。有无超越性是人的存在与动物存在的根本区别。正是借助于超越性，人类借由宗教、哲学、科学等路径创造了特有的文化以及生存模式，拓展了审美创造的领域，提升了人类自由无限的爱，实现了肉与灵、身与心、情与欲的共在与同乐。借由身体之爱，人类实现了审美超越的无限循环与审美创造的自由自在。所有想体验到审美创造的人，只有在身体的审美生存中尝试、探索、欣赏与承受各种生存境域，才能最大限度地认识到身体审美之于审美生存的意义。

第三，身体审美的超越维度的教化意义。身体审美的超越维度对审美创造以及社会文化的发展具有重要影响，也是审美生存教化中必须注重的因素。人的观念、思想、理性是在身体的基础上发展起来的。因此，在审美生存教化中，应重视身体存在的感性因素及其作用。"通过人体经验，以肉体禁欲为样板，为的是理解和使人理解这种精神空白的构成，构成这种空白为的是使精神去思维。"① 教化者应该认识到人既是充满七情六欲、能恨能爱的存在者，也是渴望审美存在与审美创造的存在者。

---

① 〔法〕让－弗朗索瓦·利奥塔：《非人——时间漫谈》，罗国祥译，商务印书馆，2000，第19页。

人的所有活动只有建立在身体的基础之上，才会成为可能。审美生存教化必须重视身体在审美生存中的作用。

身体审美的超越维度启发审美生存教化必须重视对性的教化。实际上，无论是人的审美创造活动，还是人最一般的精神与思想活动，都离不开性关系的影响。"性差别不仅仅与体验到不足的躯体有关，而且与无意识的躯体或者躯体那样的无意识有关。"① 两性之间的关系是人类生存过程中最直接最自然的表现载体，也是人类生存活动以及审美创造活动得以展开的基础。人与自然的关系、人与世界的关系就包含在人与人之间的关系之中，而人与人之间的关系又直接表现为人与自然、人与社会的关系，这是人的存在的本质规定性。两性关系作为人的存在中最自然、最直接、最基本的关系，存在于一切社会文化与审美创造之中。这就要求在审美生存教化过程中，只有对建立诗意的两性关系给予充分关注，才可能最终实现人的审美生存。

三　身体审美的实践通途

第一，身体审美的实践依据。身体的审美是自然与实践交互作用的结果。身体作为自然的存在，本来具备审美价值。但审美生存要求身体不能止步于自然审美阶段，需要借助于现实的、具体的审美实践与审美技艺，拓展生存审美的领域，宣扬生存审美的价值。因此，强调身体审美的实践性，是为了强调身体审美即是自然与社会发展的产物，同时也是生存主体审美生存与审美创造积淀的结果。

身体的审美，是在其自身的审美实践中创造的。身体的审美，与审美主体的创造精神以及生存状态息息相关。与此同时，身体又是相对独立的，具有独特的审美触感与审美创造，并在审美实践中与审美主体保持相对的独立性。身体的审美，是在身体存在的过程中自行创造的结果。

---

① 〔法〕让－弗朗索瓦·利奥塔：《非人——时间漫谈》，罗国祥译，商务印书馆，2000，第22页。

因此，身体的审美发端于自然的审美现实之中，拓展于实践的审美活动之间。

第二，身体审美的实践要求。身体审美建立在身体实践的基础之上。"不是人类欲望而是宇宙状况认识和改变现实，推动科学技术。只不过：这种智能的复杂性超越了以最精密的逻辑体系构成的智能，它是另一种性质的智能。人体作为一个物质系统，妨碍着这种智能的可分离性和它的逃亡，因此妨碍它的幸存。可是会死亡的、感知着的现象学意义上的人体同时也是唯一可供思考某种思维复杂性之用的'类比推理'。"① 身体的审美能力以及审美活动建立在人的身体存在与精神存在的基础之上，应从人的生存境域出发，把身体的审美放置于人的整体生存中进行探索。感性欲求的满足，应与人的整体存在相协调；身体审美的实践，应与人的精神心灵相结合。身体的审美实践，是对身体存在与精神存在整体的形塑与熏陶。

身体审美的实践要求身体要善于倾听心灵与精神的述说，精神与心灵也应善于接受身体的倾诉。身体应该最大限度地领会精神心灵的需要、呐喊与渴望。为了达到最好的倾听效果，身体应保持沉着、坦然与宁静的状态。与此同时，精神心灵也应该毫无保留地接受身体的阐述，感应身体的状态及倾向。

身体审美的实践要求对身体进行训练。在身体与心灵相互传达各自需要的过程中，为了保证传达信息的准确与全面，身体与精神心灵都要尽可能保持纯粹虚静的状态，这就要求对之进行必要的技艺训练。其中，最关键的是培养勇气，使其具有强大的忍耐力与抵抗力，能够在千斤压顶或心神浮动之时保持冷静、泰然、灵活的心态，保持身体与精神之间相互倾听的灵敏性，以便为审美生存创造更好的条件。

身体的审美实践坚信观照身体的状况直接影响身体的审美状态。虽然身体源于自然，但身体的审美却是存在主体借由自身努力进行改变、

---

① 〔法〕让－弗朗索瓦·利奥塔：《非人——时间漫谈》，罗国祥译，商务印书馆，2000，第23页。

重建、更新、完善的。每个人的身体都属于存在者自身，身体所呈现的审美生存状态由审美主体对自身的关怀、观照与培育的实践所决定。因此，学会观照身体，是审美生存实践的重要内容。

第三，身体审美的实践教化。身体审美的实践能够体现审美主体的生存状态。身体的审美有自身的标准以及特有的训练方式。在观照身体的过程中所展现的技巧与方法，能够表现出审美主体的文化素养、审美水准以及生存风格，也能够体现出其生存的社会文化状况、审美文化传统积淀等相关因素。

审美生存的实践教化必须将身体的训练以及精神心灵的修炼紧密结合起来，这是促成身体审美生存的基本条件。

身体的训练与精神心灵的修炼都以一定的方式对身体的审美生存产生影响。身体与精神心灵之间通过一定的间隔相互作用，两者的互动关系构成人类文化的基础。尤其是性的身体需要，对于心灵精神的影响极其明显。实际上，任何身体审美实践，都蕴含着心灵与身体并驾齐驱的实践要求，身体的审美实践活动中，无不包含着情感与精神之光。从这个意义上来说，身体审美的实践及其技艺，也是审美生存得以展开的基础条件。

跋　诗意栖居于大地之上

学术探讨的职责，不是抽象的语言游戏，也不是理性的体系建构，而是探索人类生存的本质，总结审美生存的技艺，开拓人之审美生存的实践境域。人是一种特殊的生命体，永远不会局限于既定的生存境域之中，而是企图时刻超越当下的生存境域，进入更加丰富、新鲜的生存境域之中。理解并展开审美生存的存在者，把诗意生存作为生命的尺度。

审美生存是在探索自身的基础上，依靠自身实现审美创造与审美超越的过程，审美生存在人的生存活动中具有不可替代性。为了使生命的存在过程充满诗意，应常常回归自身、观照自身，在欲求得到满足的同时，实现审美生存的自由创造与无限超越，充分体验、享受、欣赏生命中的审美生存愉悦，使自身真正成为充满活力、独立自由的审美存在者。

审美生存教化的本质是使人成为人。所谓的使人成为人，就是要求人在生存中能够真正遵循人的本质，发掘人的内在规定性，使真实的人性及其潜能充分地涌现出来。审美生存教化实际上是存在的解蔽与澄明：需要揭示现实存在中那些遮蔽人类生存本质的状况，还要通过完善人的审美生存，使分裂的人性回归本真的状态。只有这样，才能最终实现审美生存世界的和谐与平衡。

审美生存的正常状态，是最大限度地体现所有存在者内在本质的生存方式。所谓的审美生存，既不是为了满足人的欲求而扭曲世界万物本性的存在方式，也不是为了实现世界和谐而异化人类自身的存在方式，而是要求生存境域中的各个存在者，都能以符合其本真状态的方式生存。

这种遵循内在规定性的自由创造的审美建构活动，也是"曲成万物"的过程，是消解生存境域之中的片面程度，让所有的存在者都能够遵循自己的真实本性。各个存在者都能够以最本真的方式进入生存境域之中，并且自由地生成自身的存在，这是审美生存的根基所在。

按照审美生存的规则存在于世，是重视、维护以及创造生存境域的客观要求。正如马克思所指出的，动物只知道按照自身所属的类的需要以及尺度进行活动，人却能按照任何一个种的尺度进行活动，并且能够将内在的尺度运用到对象之上。因此，人不但能够按照需要进行生产，还能够按照审美进行建造。人能够按照万物的尺度应用万物，使其按照本然而存在。这样的审美生存，能使万物作为自身而存在。"只有作为一种审美现象，人生和世界才显得是有充足理由的。"① 审美是"生命的最高使命和生命的本来的形而上活动"②。正是借助于审美生存，人的存在才得以完成，并产生存在的意义。

人的审美生存，也是促成天地万物按其本性存在的过程，是生存境域按照最本真自然的状态生成的过程。人是天地大美的促成者，并按照物本身的尺度展开相关的创造活动，使物通过本身固有的形式与性质呈现自身，使之作为物本身的本质得以涌现，在生存境域之中获得适其本性的存在形态。这就要求人在生存活动中，把任何物的尺度作为其内在尺度展开生存活动，以按照美的规则进行建造。也就是说，既要肯认物本身存在规律的客观性，避免使物的尺度替代人的尺度扭曲人自身，理性地按照物的尺度满足人的欲求，又要对自身欲求进行适当的调整、克制，使之与本真的生存性质、整体的生存境域相协调，这才是形成审美生存世界的基本条件。

人之终极理想是能够诗意地栖居在大地之上。人在此审美生存中，不但能够在实践活动与现实境域中保持日新又新、勇猛精进之生活状态，亦可以在精神生活与灵性建构中实现逍遥自在、豁达超越之理想自

---

① 〔德〕尼采：《悲剧的诞生》，周国平译，生活·读书·新知三联书店，1986，第105页。
② 〔德〕尼采：《悲剧的诞生》，周国平译，生活·读书·新知三联书店，1986，第105页。

由。审美生存永无终点，正是在日复一日的前行中不断超越当下、升华生命的。

王定功　康高磊

2020 年 3 月 21 日

参考文献

马克思主义经典文献

《马克思恩格斯全集》第 1 卷，人民出版社，1974。

《马克思恩格斯全集》第 2 卷，人民出版社，1972。

《马克思恩格斯全集》第 3 卷，人民出版社，1965。

《马克思恩格斯全集》第 19 卷，人民出版社，1965。

《马克思恩格斯全集》第 20 卷，人民出版社，1972。

《马克思恩格斯全集》第 23 卷，人民出版社，1972。

《马克思恩格斯全集》第 30 卷，人民出版社，1974。

《马克思恩格斯全集》第 42 卷，人民出版社，1979。

《马克思恩格斯全集》第 46 卷上册，人民出版社，1979。

《马克思恩格斯选集》第 1 卷，人民出版社，1995。

《马克思恩格斯选集》第 2 卷，人民出版社，1995。

《马克思恩格斯选集》第 4 卷，人民出版社，1995。

中文著作

董小英：《再登巴比伦塔》，生活·读书·新知三联书店，1994。

冯沪祥：《中西生死哲学》，北京大学出版社，2001。

冯建军：《生命与教育》，教育科学出版社，2005。

冯建军等：《生命化教育》，教育科学出版社，2007。

韩震：《生成的存在——关于人和社会的哲学思考》，北京师范大学出版社，1996。

胡适：《胡适文存》，上海书店出版社，1989。

蒋廷黻：《中国近代史大纲》，东方出版社，1996。

靳凤林：《死，而后生——死亡现象学视阈中的生存伦理》，人民出版社，
　　2005。

李德顺：《价值论》，中国人民大学出版社，2007。

李欧梵：《现代性的追求》，生活·读书·新知三联书店，2000。

李书崇：《死亡简史》，四川文艺出版社，2008。

联合国教科文组织国际教育发展委员会：《学会生存》，上海译文出版社，
　　1979。

梁漱溟：《梁漱溟全集》，山东人民出版社，1992。

刘次林：《幸福教育论》，人民教育出版社，2003。

刘慧：《生命德育论》，人民教育出版社，2005。

刘慧：《陶养生命智慧：社会转型期教育的一种价值追求》，教育科学出
　　版社，2008。

刘济良：《青少年价值观教育研究》，广东教育出版社，2003。

刘济良：《生命教育论》，中国社会科学出版社，2004。

刘济良等：《生命的沉思》，中国社会科学出版社，2004。

柏拉图：《苏格拉底的申辩》，载《柏拉图注疏集》，华夏出版社，2007。

刘小枫：《诗化哲学》，华东师范大学出版社，2011。

刘小枫：《拯救与逍遥》，上海三联书店，2001。

刘志军：《生命的律动》，中国社会科学出版社，2004。

陆扬：《死亡美学》，北京大学出版社，2006。

路日亮、王定功主编《新中国人学理路》，中国商业出版社，2010。

路日亮：《天人和谐论》，中国商业出版社，2010。

罗崇敏主编《生命·生存·生活》，云南人民出版社，2007。

梅萍：《当代大学生价值观教育研究》，中国社会科学出版社，2009。

欧阳光伟：《现代哲学人类学》，辽宁人民出版社，1986。

欧阳谦：《20 世纪西方人学思想导论》，中国人民大学出版社，2002。

潘知常：《生命美学》，河南人民出版社，1991。

潘知常：《生命美学论稿——在阐释中理解当代生命美学》，郑州大学出版社，2002。

彭锋：《美学的意蕴》，中国人民大学出版社，2000。

冉云飞：《中国教育的危机与批判》，南方出版社，1999。

沈铭贤：《生命伦理学》，高等教育出版社，2003。

宋祖良：《拯救地球与人类未来》，中国社会科学出版社，1993。

孙正聿：《超越意识》，吉林教育出版社，2001。

王北生：《生命的畅想》，中国社会科学出版社，2004。

王德军：《生存价值观探析》，社会科学文献出版社，2008。

王定功：《青少年道德教育国际观察》，上海交通大学出版社，2012。

王定功：《青少年生命教育国际观察》，上海交通大学出版社，2011。

王卫红：《抑郁症、自杀与危机干预》，重庆出版社，2006。

王玉樑：《当代中国价值哲学》，人民出版社，2004。

姚全兴：《生命美育》，上海教育出版社，2001。

叶秀山：《思·史·诗——现象学和存在哲学研究》，人民出版社，1998。

张世英：《哲学导论》，北京大学出版社，2002。

张曙光：《个体生命与现代历史》，山东人民出版社，2007。

张曙光：《生存哲学——走向本真的存在》，云南人民出版社，2001。

赵吉惠：《21世纪儒学研究的新拓展》，社会科学文献出版社，2004。

郑晓江：《感悟生死》，中州古籍出版社，2007。

郑晓江：《生死两安》，广西人民出版社，1998。

朱小蔓：《教育的问题与挑战——思想的回应》，南京师范大学出版社，2000。

邹诗鹏：《生存论研究》，上海人民出版社，2005。

国外译著

〔埃及〕穆斯塔发·木·穆罕默德艾玛热编《布哈里圣训实录精华》，穆萨·宝文安哈吉、买买提·赛来哈吉译，中国社会科学出版社，1981。

〔奥〕弗兰克：《活出意义来》，赵可式、沈锦惠译，生活·读书·新知三联书店，1991。

〔美〕伯格：《人格心理学》，陈会昌译，中国轻工业出版社，2004。

〔美〕埃·弗罗姆：《爱的艺术》，康革尔译，华夏出版社，1987。

〔德〕布尔特曼：《生存神学与末世论》，李哲汇、朱雁冰译，上海三联书店，1995。

〔德〕费迪南·费尔曼：《生命哲学》，李健鸣译，华夏出版社，2000。

〔德〕弗洛姆：《人心》，孙月才、张燕译，商务印书馆，1989。

〔德〕伽达默尔：《科学时代的理性》，薛华等译，国际文化出版公司，1988。

〔德〕海德格尔：《存在与时间》，陈嘉映、王庆节译，上海三联书店，1987。

〔德〕海德格尔：《海德格尔存在哲学》，孙周兴等译，九州出版社，2004。

〔德〕海德格尔：《林中路》，孙周兴译，上海译文出版社，1997。

〔德〕海德格尔：《路标》，孙周兴译，商务印书馆，2000。

〔德〕海德格尔：《尼采》，孙周兴译，商务印书馆，2002。

〔德〕海德格尔：《诗·语言·思》，彭富春译，文化艺术出版社，1991。

〔德〕黑格尔：《美学》第1卷，朱光潜译，商务印书馆，1996。

〔德〕黑格尔：《小逻辑》，贺麟译，商务印书馆，1980。

〔德〕黑格尔：《历史哲学》，王造时译，生活·读书·新知三联书店，1956。

〔德〕胡塞尔：《欧洲科学危机和超验现象学》，张应熊译，上海译文出版社，2005。

〔德〕卡西尔：《人论》，甘阳译，上海译文出版社，1985。

〔德〕康德：《道德形而上学基础》，孙少伟译，九州出版社，2007。

〔德〕康德：《判断力批判》上卷，宗白华译，商务印书馆，1964。

〔德〕库尔特·拜尔茨：《基因伦理学》，马怀琪译，华夏出版社，2000。

〔德〕马克斯·舍勒：《人在宇宙中的地位》，李伯杰译，贵州人民出版社，2000。

〔德〕米切尔·兰德曼：《哲学人类学》，张乐天译，上海译文出版社，

1988。

〔德〕莫尔特曼：《公义创建未来》，邓肇明译，香港基道书楼，2000。

〔德〕尼采：《敌基督者》，吴增定译，生活·读书·新知三联书店，2001。

〔德〕尼采：《权力意志》，张念东、凌素心译，商务印书馆，1991。

〔德〕尼采：《哲学与真理》，田立年译，上海社会科学院出版社，1993。

〔德〕尼采：《作为意志和表象的世界》，董建译，北京出版社，2008。

〔德〕舍勒：《爱的秩序》，林克等译，上海三联书店，1995。

〔德〕施密特：《全球化与道德重建》，柴方国译，社会科学文献出版社，
    2001。

〔德〕席勒：《审美教育书简》，冯至、范大灿译，北京大学出版社，1985。

〔德〕雅斯贝尔斯：《悲剧的超越》，亦春译，工人出版社，1988。

〔德〕雅斯贝尔斯：《历史的起源和目标》，魏楚雄、俞新天译，华夏出版
    社，1989。

〔德〕雅斯贝尔斯：《什么是教育》，邹进译，生活·读书·新知三联书
    店，1991。

〔德〕雅斯贝尔斯：《时代的精神状况》，王德峰译，上海译文出版社，
    1997。

〔德〕雅斯贝尔斯：《现时代的人》，周晓亮译，社会科学文献出版社，
    1992。

〔德〕尤尔根·哈贝马斯：《后民族结构》，曹卫东译，上海人民出版社，
    2002。

〔俄〕别尔嘉耶夫：《人的奴役与自由》，徐黎明译，贵州人民出版社，
    1994。

〔法〕阿尔贝特·施韦泽：《敬畏生命》，陈泽环译，上海社会科学院出版
    社，2003。

〔法〕奥雷利奥·佩西：《人类的素质》，薛荣久译，中国展望出版社，
    1988。

〔法〕迪尔凯姆：《自杀论》，冯韵文译，商务印书馆，1996。

〔法〕加缪：《西西弗的神话》，杜小真译，生活·读书·新知三联书

店，1998。

〔法〕卢梭：《论人类不平等的起源和基础》，李常山译，商务印书馆，1962。

〔法〕帕斯卡尔：《思想录》，何兆武译，湖北人民出版社，2007。

〔法〕萨特：《存在主义是一种人道主义》，周熙良、汤永宽译，上海译文出版社，1988。

〔古希腊〕柏拉图：《裴多》，杨绛译，辽宁人民出版社，2000。

〔加拿大〕威廉·莱斯：《自然的控制》，岳长岭、李建华译，重庆出版社，2007。

〔捷克〕夸美纽斯：《大教学论》，傅任敢译，人民教育出版社，1979。

〔美〕爱默生：《自然沉思录》，博凡译，上海社会科学院出版社，2003。

〔美〕爱因斯坦：《爱因斯坦文集》第3卷，赵中立、许良英译，商务印书馆，1979。

〔美〕宾克莱：《理想的冲突——西方社会中变化着的价值观念》，马元德译，商务印书馆，1983。

〔美〕弗洛姆：《爱的艺术》，刘福堂译，安徽文艺出版社，1986。

〔美〕赫伯特·马尔库塞：《单向度的人》，刘继译，上海译文出版社，2006。

〔美〕赫舍尔：《人是谁》，隗仁莲、安希孟译，贵州人民出版社，1994。

〔美〕科瑟：《社会学思想名家》，石人译，中国社会科学出版社，1990。

〔美〕罗德尼·史密斯：《聆听——写给生者的14堂启蒙课》，思凡译，深圳报业集团出版社，2010。

〔美〕罗尔斯：《正义论》，何怀宏、何包钢、廖申白译，中国社会科学出版社，1988。

〔美〕罗尔斯：《政治自由主义》，万俊人译，译林出版社，2000。

〔美〕罗素：《中国之问题》，转引自《梁漱溟全集》第5卷，山东人民出版社，1992。

〔美〕罗素：《中西文化之比较》，转引自苏丁编《中西文化文学比较》论集，重庆出版社，1988。

〔美〕马斯洛：《人类价值新论》，胡万福等译，河北人民出版社，1988。

〔美〕玛格丽特·米德:《文化与承诺》,周晓红、周怡译,河北人民出版社,1987。

〔美〕门林格尔:《人对抗自己——自杀心理研究》,冯川译,贵州人民出版社,2004。

〔比〕普里戈金、〔法〕斯唐热:《从混沌到有序》,曾庆宏、沈小峰译,上海译文出版社,1987。

〔美〕舍温·纽兰:《我们怎样死——关于人生最后一章的思考》,褚律元译,世界知识出版社,1996。

〔美〕梯利:《西方哲学史》,葛力译,商务印书馆,1975。

〔美〕威廉姆·多尔:《后现代课程观》,王红宇译,教育科学出版社,2000。

〔俄〕巴赫金:《诗学与访谈》,白春仁、顾亚铃译,河北教育出版社,1998。

〔俄〕巴赫金:《文本、对话与人文》,白春仁、晓河译,河北教育出版社,1998。

〔日〕池田大作:《我的人学》,铭九、潘金生、庞春兰译,北京大学出版社,1992。

〔英〕阿尔弗莱德·怀特海:《思想方式》,韩东辉、李红译,华夏出版社,1999。

〔英〕安东尼·吉登斯:《现代性的后果》,田禾译,译林出版社,2000。

〔英〕鲍曼:《现代性大屠杀》,杨渝华、史建华译,译林出版社,2002。

〔英〕苏珊·格林菲尔德:《人脑之谜》,杨雄里等译,上海科学技术出版社,1998。

中文学术论文

崔新建:《略论人的生命价值》,《人文杂志》1996年第3期。

高清海:《"人"的双重生命观:种生命与类生命》,《江海学刊》2001年第1期。

韩跃红、孙书行:《人的尊严和生命的尊严释义》,《哲学研究》2006年第 3 期。

黄凯锋：《论我国价值论研究的路径依赖》，《社会科学》2005 年第 1 期。

兰久富：《走出价值哲学的理论困境》，《哲学动态》2004 年第 7 期。

李鹏程：《生存论视野下学生发展性评价》，《中国教育学刊》2008 年第
9 期。

刘福森：《价值迷失：现代工业文明发展观的"走火入魔"》，《吉林大学
社会科学学报》2003 年第 1 期。

刘慧：《生命视域中的学校生命道德教育特征》，《沈阳师范大学学报》
（社科版）2004 年第 6 期。

刘济良：《走向人文化的教育》，《教育理论与实践》2003 年第 7 期。

鲁洁：《教育的返本归真》，《华东师范大学学报》（教育科学版）2001 年
第 4 期。

路日亮：《试论人的生命价值》，《洛阳师范学院学报》2008 年第 6 期。

路日亮：《消费社会的悖论》，《当代社科视野》2009 年第 3 期。

路日亮：《消费社会的悖论与危机》，《北京师范大学学报》2009 年第
1 期。

倪梁康：《现象学运动的基本意义》，《中国社会科学》2000 年第 4 期。

钱巨波：《生命教育论纲》，《江苏教育研究》1999 年第 3 期。

石中英：《人文世界、人文知识与人文教育》，《教育理论与实践》2001
年第 6 期。

石中英：《自杀问题的教育哲学省思》，《北京师范大学学报》（社会科学
版）2008 年第 2 期。

杨叔子：《是"育人"非"制器"——再谈人文教育的基础地位》，《河
北科技大学学报》（社会科学版）2001 年第 1 期。

游兆和：《论"人生价值论"的本质及其与一般价值论的区别》，《教学
与研究》2008 年第 2 期。

于伟：《终极关怀教育与现代人"单向度"性精神危机的拯救》，《东北
师范大学学报》（哲学社会科学版）2001 年第 1 期。

张曙光：《建构面向 21 世纪的生存哲学》，《华中理工大学学报》（社会科

学版）1999 年第 4 期。

张正明：《现当代人类的生存状态与人性批判》，《云南社会科学》2002
年第 4 期。

郑晓江：《论人类生命的二维性四重性——以自杀问题与人生意义问题为
中心》，《广东社会科学》2010 年第 5 期。

郑晓江：《论死亡的超越》，《江西财经大学学报》2001 年第 1 期。

郑晓江：《论死亡焦虑及其消解方式》，《南昌大学学报》（人文社会科学
版）2011 年第 2 期。

邹诗鹏：《价值哲学的生存论建构问题》，《天津社会科学》2002 年第 2 期。

邹诗鹏：《哲学生存论的意义阐释与反省》，《江海学刊》1997 年第 3 期。

图书在版编目（CIP）数据

审美生存论／王定功，康高磊著. -- 北京：社会
科学文献出版社，2020.11
ISBN 978 - 7 - 5201 - 7214 - 1

Ⅰ.①审…　Ⅱ.①王…②康…　Ⅲ.①审美分析
Ⅳ.①B83 - 0

中国版本图书馆 CIP 数据核字（2020）第 164148 号

审美生存论

著　者／王定功　康高磊

出 版 人／王利民
组稿编辑／恽　薇
责任编辑／孔庆梅
文稿编辑／韩宜儒

出　　版／社会科学文献出版社·经济与管理分社（010）59367226
　　　　　地址：北京市北三环中路甲29号院华龙大厦　邮编：100029
　　　　　网址：www. ssap. com. cn
发　　行／市场营销中心（010）59367081　59367083
印　　装／三河市龙林印务有限公司

规　　格／开　本：787mm × 1092mm　1/16
　　　　　印　张：15　字　数：223 千字
版　　次／2020 年 11 月第 1 版　2020 年 11 月第 1 次印刷
书　　号／ISBN 978 - 7 - 5201 - 7214 - 1
定　　价／79.00 元